家居装修不动工
完美家饰轻布置

理想·宅 编

U0317762

化学工业出版社

·北京·

编写人员名单：（排名不分先后）

叶　萍	黄　肖	邓毅丰	张　娟	邓丽娜	杨　柳	张　蕾	刘团团	卫白鸽
郭　宇	王广洋	王力宇	梁　越	李小丽	王　军	李子奇	于兆山	蔡志宏
刘彦萍	张志贵	刘　杰	李四磊	孙银青	肖冠军	安　平	马禾午	谢永亮
李　广	李　峰	余素云	周　彦	赵莉娟	潘振伟	王效孟	赵芳节	王　庶

图书在版编目（CIP）数据

家居装修不动工 完美家饰轻布置／理想·宅编 .
—北京：化学工业出版社，2016.9
ISBN 978-7-122-27613-1

Ⅰ．①家… Ⅱ．①理… Ⅲ．①室内装饰设计
Ⅳ．① TU238

中国版本图书馆 CIP 数据核字（2016）第 160418 号

责任编辑：王斌　邹宁　　　　　　　　　　装帧设计：王晓宇

出版发行：化学工业出版社(北京市东城区青年湖南街13号　邮政编码100011)
印　　装：北京瑞禾彩色印刷有限公司
710mm×1000mm　1/16　印张12　字数245千字　2016年8月北京第1版第1次印刷

购书咨询：010-64518888（传真：010-64519686）　　　售后服务：010-64518899
网　　址：http://www.cip.com.cn
凡购买本书，如有缺损质量问题，本社销售中心负责调换。

定　　价：45.00元　　　　　　　　　　　　　　　　版权所有　违者必究

不动工布置第一步:
运用不同**配饰**，完成饰家任务

目录

B

不动工布置**第二步**：
根据家居**现状**，挑选想要**变化**的空间

家居休憩空间——卧室

 不动工布置**第三步**:
4种不同家居风格,
展现家的**不同风貌**

不动工布置**第一步**：
运用不同**配饰**，
完成饰家任务

无论你是想将刚买到的新房装出后花园般的美丽

还是要将住了很久的老房来个翻天覆地的大变身

简单而不麻烦的解决方案

一定是你最迫切想要的

不用大动干戈地拆墙挖地

只要动动脑筋 动动力气

就能营造出一个令人惊叹的家居

这不是天方夜谭

这是利用配饰打造出的传奇

为家居大空间
增色的重点配饰
家具
灯具

不动工布置要点 ▶

家具
是家居空间中的陈设主体

家具是室内设计中的一个重要组成部分，是陈设中的主体。相对抽象的室内空间而言，家具陈设是具体生动的，形成了对室内空间的二次创造，起到了识别空间、塑造空间、优化空间的作用，进一步丰富了室内空间内容，具象化了空间形式。一个好的室内空间应该是环境协调统一，家具与室内融为一体，不可分割。

A 家具与室内的关系

室内是家具的载体，家具是室内设计内涵的体现和空间的点缀。一方面，家具设计的尺寸必须以实际室内尺寸为依据；另一方面，家具的造型风格受到室内风格的制约。

B 应坚持宁少勿多，宁缺毋滥的原则

家具设计是在室内空间的墙、地、吊顶确定后，或在界面的装修过程中完成，如书柜、衣橱、酒柜等，或选购成品家具布置在室内，成为整个室内空间环境功能的主要构成要素和体现者。家具的重要作用还体现在所占空间的面积。据调查，一般使用的房间，家具占总面积的 35% ~ 40%，在家庭住宅的小居室中，占房面积可达到 55% ~ 60%。

家具常见分类

分类方式	种类	特　征
根据功能分类	坐卧性家具	如椅、凳、沙发、床等，满足人们日常的坐、卧需求；尺度要求细分，用以满足不同人群的需要
	贮存性家具	主要用来收藏、储存物品的家具，一般包括衣柜、壁橱、书柜、电视柜、床头柜等
	凭倚性家具	人在坐着时使用的餐桌、书桌、梳妆台等，以及站立时使用的吧台等，主要功能是辅助人体活动和适当存放物品
	陈列性家具	包括博古架、书柜等；主要用于将家居中的一些工艺品、书籍等进行展示
	装饰性家具	带有涂饰、贴面、烙花、镶嵌、雕刻等装饰性加工的家具，可以作为装饰品的一种对家居环境进行装点
根据使用材料分类	实木家具	木质纹理色泽美观，亲和力较强，价格、档次高
	藤、竹家具	充分利用自然资源，色泽美观、质地坚韧；缺点为易被虫蛀
	塑料家具	成本低、重量轻、色彩丰富，具有稳定的物理性能
	金属家具	使用金属型材构成，材质的对比度较强，轻巧美观
	玻璃家具	以玻璃为主要构件的家具，晶莹透亮，现代感强
	石材家具	以石材为主要构件的家具，纹理丰富，装饰性强

续表

根据结构形式分类	框架结构家具	在传统的家具结构中占重要的地位。最简单的框架是由纵横各两根方材采用卯榫接合构成
	板式家具	由中密度纤维板或刨花板进行表面贴面等工艺制成的家具，有很大一部分是仿木纹家具
	拆装家具	可以像"玩积木"一样自由拆装、组合，以金属、塑料和布艺为主，方便运输，能节省保存空间
	折叠家具	造型简单，节约家居空间使用面积；有时一件家具能代替几件家具使用
	冲压式家具	以机械法和其他方式来对家具部件进行连接，令家具整体看起来更简洁、美观；具备节省空间的作用
	充气家具	以 PVC 为原料，通过加压，使气体进入家具内；新潮、舒适，可随意放置
	多功能家具	在具备传统家具初始功能的基础上，实现其他新设功能的现代家具类产品，是对家具的再设计
根据风格分类	现代家具	造型往往比较简洁、利索，体现出现代家居的实用理念
	后现代家具	一般造型较为个性，突破传统，给人造成视觉上的冲击力
	欧式古典家具	造型复古而精美，雕花是其常用装饰，体现出奢华感
	美式乡村家具	形态厚重，线条粗犷，体现出自由、奔放的姿态
	中式古典家具	具有传统的古典美感，精雕细琢，体现出设计者的匠心
	新古典家具	相较于欧式古典家具少了几分厚重，多了几分精致，体现出女性的优雅
	东南亚家具	以竹藤材质为主，体现出热带风情，给家居带来自然韵味
	田园家具	元素少不了布艺、碎花和格子，体现出清新而轻松的自然风情
	地中海家具	和其风格一样，要表现出海洋的清新感，其中船类造型经常用到

实用指南

家具在空间中常见的摆放方式

周边式

家具沿着四周墙面布置，留出中间空间位置，空间相对集中，易于组织交通，为举行其他活动提供较大面积，便于布置中间陈设。

单边式

将家具集中在一侧，留出另一侧空间（常成为通道）。工作区和交通区截然分开，功能分区明确，干扰小，交通成为线形，当交通线布置在房间短边时，交通面积最为节约。

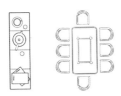

岛式

将家具布置在房间中心，强调其中心地位，显示其重要性和独立性。周边式的交通活动，保证了中心区不受干扰和影响。

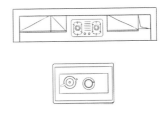

走道式

将家具布置在室内两侧，中间留出走道。节约交通面积，交通对两边都不干扰。一般客厅活动人数较少的情况下，以这样的布置方式居多。

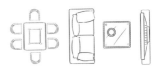

不动工布置要点 ▶

家具
在家居空间中的运用原则

A 家具的比例尺度要与整体室内环境协调统一

选择或设计室内家具时要根据室内空间的大小决定家具的体量大小，可参考室内净高、门窗、窗台线、墙裙等。如在大空间选择小体量家具，显得空荡且小气；而在小空间中布局大体量家具，则显得拥挤和阻塞。

B 家具的风格要与室内装饰设计的风格相一致

装饰画在一个空间环境里形成一两个视觉点即可。如果同时要安排几幅画，必须考虑它们之间的整体性，要求画面是同一艺术风格，画框是同一款式，或者相同的外框尺寸，使人们在视觉上不会感到散乱。

C 家具的数量由不同性质的空间和空间面积大小决定

家具数量的选择要考虑空间的容纳人数、人们的活动要求以及空间的舒适性。要分清主体家具和从属家具，使其相互配合，主次分明。例如，卧室中床为主体家具，而大衣柜、床头柜则可根据空间大小来决定选择与否。

装饰达人支招

利用家具布局改变空间印象的方法

对称式： 以对称形式出现的规则式家具布局，能明显地体现出空间轴线的对称性，给人以庄重、安定、稳重的感觉。例如，在床的两侧摆放相同的床头柜。

非对称式： 一种既有变化又有规律的不对称的安排形式，能给人以轻松活泼的感觉。例如，在床的一侧摆放床头柜，而另一侧则摆放梳妆台。

集中式： 集中式家具布局适用于面积较小的家居空间。可以利用功能单一的家具进行统筹规划，形成一定的围合空间。

分散式： 分散式家具布局适用于面积较大的家居空间。可以数量较多、功能多样的家具来增加空间的实用功能。

▲ 由于家居面积有限，为了更好地区分空间功能，用集中式的沙发来分隔出客厅区域，并在一侧墙壁设置开放式书架，令空间分区明晰

▶ 客厅的面积较大，在设计时采用了多种形式的家具，既满足了实用功能，也装点了空间。其中摇椅的加入，令空间的休闲性更强

不动工
布置要点 ▶

家具
为空间带来更多的实用功能

A 分隔空间的作用

选择或设计室内家具时要根据室内空间的大小决定家具的体量大小，可参考室内净高、门窗、窗台线、墙裙等。如在大空间选择小体量家具，显得空荡且小气，而在小空间中布局大体量家具则显得拥挤和阻塞。

B 组织空间的作用

一个过大的空间往往可以利用家具划分成许多不同功能的活动区域，并通过家具的安排去组织人的活动路线，使人们根据家具安排的不同去选择个人活动和休息的场所。

C 填补空间的作用

在空旷房间的角落里放置一些如花几、条案等小型家具，以求得空间的平衡，既填补了空旷的角落，又美化了空间。

装饰达人支招

利用家具扩大空间的方法

利用壁柜、壁架扩大空间：由于固定式的壁柜、吊柜、壁架等家具可以充分利用储藏面积，例如，将室内楼梯底部，门廊上部，过道、墙角等闲置空间利用起来储藏杂物，可以起到间接扩大空间的作用。另外，室内的上部分空间也可以由家具占用，以节省地面面积。

利用家具的多用性和可折叠功能扩大空间：在小空间中，为增加空间的利用效率，可以利用翻板书桌、组合橱柜、翻板床、多用沙发、折叠椅等家具来节约空间。

▲ 带有古朴气息的实木床在满足了睡卧的基本功能外，还具备了收纳功能，将喜爱的书籍搁置其中，拿取十分方便；而与小吧台的结合设计，更是为日常的休闲生活提供了便利

▲ 在楼梯空余的下部空间打造了高低不同的收纳柜，将空间的使用率大大提高，也为家居中的物品收纳提供了更多的空间

灯具
是居室最具魅力的情调大师

灯具在家居空间中不仅具有装饰作用，同时兼具照明的实用功能。灯具应讲究光、造型、色质、结构等总体形态效应，是构成家居空间效果的基础。造型各异的灯具，可以令家居环境呈现出不同的容貌，创造出与众不同的家居环境；而灯具散射出的灯光既可以创造气氛，又可以加强空间感和立体感，可谓是居室内最具有魅力的情调大师。

❸**落地灯**灯光柔和，灯罩材质种类丰富，可根据喜好选择；落地灯的灯罩下边应离地面 1.8 米以上。常用于局部照明，如沙发拐角处。

❹**壁灯**的光线淡雅和谐；其灯泡的安装高度应离地面不小于 1.8 米。适用空间为卧室、卫浴、新婚房。

❺**台灯**的光亮照射范围相对比较小且集中，不会影响到整个房间的光线，作用局限在台灯周围，便于阅读、学习，节省能源。

❻**射灯**的光线柔和，既可对整体照明起主导作用，又可局部采光，烘托气氛。常用于吊顶四周、家具上部、墙内、墙裙或踢脚线里。

❼**筒灯**是嵌装于天花板内部的隐置性灯具。装设多盏筒灯，可增加空间的柔和气氛。一般装设在客厅、卧室、卫浴的周边吊顶上。

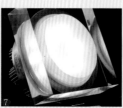

灯具常见分类

❶**吊灯**为吊装在室内吊顶上的装饰照明灯。最佳的安装高度为其最低点应离地面不小于 2.2 米。适用空间为客厅、餐厅、卧室。

❷**吸顶灯**的优点为安装简易，款式简洁，具有清朗明快的感觉。适用空间为客厅、卧室、厨房、卫浴。

装饰达人支招

利用灯光改变空间大小的方法

利用灯光将小空间变得宽敞的方法：

◎较小的空间应尽量把灯具藏进吊顶。

◎用光线来强调墙面和吊顶，会使小空间变大。

◎用灯光强调浅色的反向墙面，会在视觉上延展一个墙面，从而使较狭窄的空间显得较宽敞。

◎用向上的灯光照在浅色的表面上，会使较低的空间显高。

利用灯光令大空间具有私密性的方法：

◎较宽敞的空间可以将灯具安装在显眼位置，并令其能照射到 360 度。

◎使大空间获得私密感，可利用朦胧灯光的照射，使四周墙面变暗，并用射灯强调出展品。

◎采用深色的墙面，并用射灯集中照射展品，会减少空间的宽敞感。

◎用吊灯向下投射，则使较高的空间显低，获得私密性。

▲利用地台打造出的阅读区空间较小，利用射灯作为照射光源，简洁的式样不会令空间产生繁复之感；而映射下来的光线照射在墙面上，还会起到放大空间的作用

▲欧式家居的面积往往较大，尤其对于复式或别墅户型，相对较高的层高会令空间显得空旷；不妨选择大型的水晶吊灯来做装饰，既有华丽感，又在视觉上降低了层高

**不动工
布置要点** ▶ # 灯具
选择的方式与原则

A 灯具应与家居环境装修风格相协调

灯具的选择必须考虑到家居装修的风格、墙面的色泽以及家具的色彩等。灯具与居室的整体风格不一致，则会弄巧成拙。如家居为简约风格，就不适合繁复华丽的水晶吊灯；或者室内墙纸色彩为浅色系，理当以暖色调的白炽灯为光源，可营造出明亮柔和的光环境。

B 灯具大小要结合室内面积

家居装饰灯具的应用需根据室内面积来选择。如，12 平方米以下的居室宜采用直径为 20 厘米以下的吸顶灯或壁灯，灯具数量、大小应配合适宜，以免显得过于拥挤；15 平方米左右的居室应采用直径为 30 厘米左右的吸顶灯或多叉花饰吊灯，灯的直径最大不得超过 40 厘米。20 平方米以上的居室，灯具的尺寸一般不超过 50×50（厘米）即可。

C 根据自身实际需求和喜好选择灯具样式

灯具的选择多样，装修时也可根据自身需求和喜好来选择。如果注重灯的实用性，可以挑选黑色、深红色等深色系镶边的吸顶灯或落地灯；若注重装饰性又追求现代化风格，则可选择造型活泼、灵动的灯饰；如果是喜爱民族特色造型的灯具，可选择雕塑工艺落地灯。

装饰达人支招

根据不同人群选择合适的灯具

老年人： 老年人生活习惯简朴，爱静，所用的灯具的色彩、造型，要衬托老年人典雅大方的风范。主体灯可用单元组合宫灯形吊灯或吸顶灯。为方便老人起夜，可在床头设一盏低照度长明灯。

中年人： 中年人是家庭的主导，也是事业上的栋梁，对装饰造型、色彩力求简洁明快。布灯既要体现出个性，也要体现主体的风格，如用旋臂式台灯或落地灯，以利学习工作。

▲ 田园风格的居室给人以活力的气息，较为适合年轻人居住。在灯具的选择上，既有晶莹剔透的水晶灯，也有带有玫瑰图案的精美台灯，令居室充满了雅致情调

青年人： 青年人对灯饰要突出新、奇、特。主体灯应彰显个性，造型富有创意，色彩鲜明。壁灯在造型上要求以爱情为题材，光源要求以温馨、浪漫为主。

儿童： 儿童灯饰造型、色彩，既要体现童趣，又要有利于儿童健康成长。主体灯力求简洁明快，可用简洁式吊灯或吸顶灯，做作业的桌面上的灯光要明亮，可用动物造型台灯，但要注意保证照度。由于儿童好奇心强、好动，故灯饰要绝对保证安全可靠。

▲ 花朵形状的壁灯精巧、可爱，用于女孩儿房，与其空间气质十分吻合，令女孩儿房充满了浪漫、唯美的气息

轻布置

现代风格

家具和灯饰皆以简练为主要诉求，也可适当加入创意

家具：现代风格家居追求时尚与潮流，在家具的选择上，经常采用的材料主要有板材、金属、玻璃、塑料等，特点是简洁明快、新潮，价格容易选择，较为适合年轻人。另外，现代风格中的家具摆设非常注重居室空间的布局与使用功能。

▲ 方正的茶几在造型上给人以整齐、利落的观感，且具有强大的收纳功能，将平时品茶用物或爱吃的零食收纳其中，既不影响居室素雅氛围，又方便拿取

多功能家具

多功能家具是一种在具备传统家具初始功能的基础上，实现更多新设功能的家具类产品，例如可以选择用作床的沙发、具有收纳功能的茶几和岛台等。

线条简练的板式家具

板式家具具有简洁明快、新潮，布置灵活的特点。而现代风格追求造型简洁的特性，使板式家具成为此风格的最佳搭配，其中以茶几和电视背景墙的装饰柜为主。

对比材质家具

对比材质家具不仅可以带来视觉上的冲击性，也体现出突破常规的家具选择方式。材质上的对比可以多样化，其中以玻璃和不锈钢组合而成的家具最为常见。

怪诞型家具

现代风格的家具除了中规中矩的直线形，还可以选择外观形式及结构完全没有固定程序可依的怪诞型家具，其表现形式从天真、滑稽直到怪诞离奇，简直到了一切幻想的形式均可实现的境地。

造型茶几

现代风格的居室中，除了运用材料、色彩等技巧营造格调之外，还可以选择造型感极强的茶几作为装点的元素。此种手法不仅简单易操作，还能大大地提升房间的现代感。

灯具：现代风格居室中的灯具除了具备照明的功能外，更多的是装饰作用。灯具采用金属、玻璃及陶瓷制品作为灯架，在设计风格上脱离了传统的局限，再加上个性化的设计，完美的比例分割，以及自然、质朴的色彩搭配，可以塑造出独具品位的个性化的居室空间。

❶ 金属灯具（罩）

金属灯具的种类较多，常见的为较时尚的铁艺灯具或烤漆金属灯罩吊灯，非常适合现代风格的家居搭配。金属灯具一般来说使用寿命较长，耐腐蚀，不易老化。但灯饰上的金属部件，如螺丝等，可能会缓慢氧化，一般使用时间在 5 年左右。

❷ 时尚灯具

现代风格追求时尚与创意，在灯具的选择上也遵循了这一特征。不论是以造型独特取胜，还是高科技技术的产物，都可以令现代风格的家居呈现出与众不同的氛围。

❸ 灯光的组合设计

灯光的组合设计可以令家居空间呈现出或梦幻、或个性的氛围。在现代风格的家居空间中，可以利用射灯、筒灯、壁灯等多种灯具相结合，打造出一个独特的光影世界。

▲ 橘色的金属灯罩现代感极强，同时为整体冷色调的空间增添了暖意色彩，令空间形成色彩上的对比，也令客厅空间的现代感更加浓郁

▲ 吊顶灯饰的造型简单，但创意感十足，用于现代风格的居室，提升了空间的时尚度

▲ 客厅采用了多种照明手段，吊灯和筒灯的结合运用，为居室带来了具有变化的照明效果

风格
轻布置
提案

中式风格

中式风格的家具和灯饰带有浓郁的风格特征，复古与神韵并存

家具：中式风格的家居环境中，家具的选择继承了传统文化中的规则、大方之美，多以原木色为主，并以圆形和方形的形态出现，体现出天圆地方的东方文化审美。由于东方美学讲究对称，因此在中式风格的家居中常把相同的家具以对称的方式摆放，营造出纯正的东方情调，更能为空间带来历史价值感和墨香的文化气质。

▲ 大量精雕细琢的明清家具运用于客厅，令家居空间呈现出古韵十足与精美的基调

明清家具

明清家具不仅具有深厚的历史文化艺术底蕴，而且具有典雅、实用的功能。在中式风格中，明清家具是经常出现的元素。

圈椅

圈椅由交椅发展而来，最明显的特征是圈背连着扶手，从高到低一顺而下，坐靠时可使人的臂膀都倚着圈形的扶手，感觉十分舒适，是中国独具特色的椅子样式之一。

案类家具

案类家具形式多种多样，造型比较古朴方正。由于案类家具被赋予了一种高洁、典雅的意蕴，因此摆设于室内成为一种雅趣，是一种非常重要的传统家具，更是鲜活的点睛之笔。

榻

榻狭长而较矮，比较轻便，也有稍大而宽的卧榻，可坐可卧，是古时常见的木质家具。材质多种，普通硬木和紫檀、黄花梨等名贵木料皆可制作，榻面也有加藤面或其他材质。

中式架子床

中式架子床为汉族卧具，为床身上架置四柱或四杆的床，式样颇多、结构精巧、装饰华美。装饰多以历史故事、民间传说、山水等为题材，含和谐、平安、吉祥、多福、多子等寓意。

灯具：中式风格家居讲求韵味，在灯具的选择上可采用造型精巧、艺术气息较浓的中式灯具。图案可选择菱格、冰裂纹、栅栏纹及花卉字画类。在形状上，圆形灯大多是装饰灯，起画龙点睛的作用；方形灯多以吸顶灯为主，外围配以各种栏栅及图形，古朴端庄、简洁大方。目前，中式灯有纯中式和简中式之分。纯中式更富有古典气息，简中式则在装饰上采用若干中式元素。

❶ 宫灯

宫灯是中国彩灯中富有特色的汉民族传统手工艺品之一，主要是以细木为骨架镶以绢纱和玻璃，并绘以各种图案的彩绘灯，充满宫廷的气派，可以令中式风格的家居显得雍容华贵。

❷ 仿古灯

中式仿古灯与精雕细琢的中式古典灯具相比，更强调古典和传统文化神韵的再现，图案多为清明上河图、如意图、龙凤、京剧脸谱等中式元素，其装饰多以镂空或雕刻的木材为主，宁静而古朴。

▲ 宫灯的运用与整体家居环境古韵十足的气质十分相符，也令空间呈现出与众不同的气质

▲ 带有文字的中式仿古灯，令居室充满了浓郁的文化韵味，提升了客厅的中式风情

欧式风格

欧式风格的家具和灯饰低调中带有奢华
感，具有很强的文化韵味和历史内涵

家具：欧式家具的做工较为精美，轮
廓和转折部分由对称而富有节奏感的
曲线或曲面构成，并装饰镀金铜饰，
艺术感强。鲜艳色系可以体现出欧式
古典家居的奢华大气，而柔美浅色调
的家具则能显示出新欧式家居高贵优
雅的氛围。由于欧式家具的造型大多
较为繁复，因此数量不宜过多，否则
会令居室显得杂乱、拥挤。

▲ 欧式风格的居室品位十足，带有精美雕花的兽腿家具令客厅
呈现出华美的容颜

兽腿家具

兽腿家具拥有繁复流畅的雕花，可以增强家具的流动感，也可以令家居环境更具质感，表达
出一种对古典艺术美的崇拜与尊敬。

贵妃沙发床

贵妃沙发床有着优美玲珑的曲线，沙发靠背弯曲，靠背和扶手浑然一体，可以用靠垫坐着，
也可把脚放上斜躺。这种家具运用于欧式家居中，可以传达出奢美、华贵的宫廷气息。

欧式四柱床

四柱床起源于古代欧洲贵族，他们为了保护自己的隐私便在床的四角支上柱子，挂上床幔，
后来逐步演变成利用柱子的材质和工艺来展示居住者的财富。

床尾凳

床尾凳并非是卧室中不可缺少的家具，但却是欧式家居中很有代表性的设计，具有较强的装
饰性和少量的实用性，对于经济状况比较宽裕的家庭建议选用，可以从细节上提升卧房品质。

灯具：欧式灯具以华丽的装饰、浓烈的色彩、精美的造型达到雍容华贵、富丽堂皇的效果。有的欧式灯还会以人造铁锈、深色烤漆等故意制造一种仿旧的效果，在视觉上给人以古典的感觉。从材质上看，欧式灯多以树脂、纯铜、锻打铁艺为主。其中树脂灯造型较多，可有多种花纹，贴上金箔、银箔显得颜色亮丽、色泽鲜艳；纯铜、铁艺等造型相对简单，但更显质感。

❶ 水晶吊灯

在欧式风格的家居空间里，灯饰设计应选择具有西方风情的造型，比如水晶吊灯，这种吊灯给人以奢华、高贵的感觉，很好地传承了西方文化的底蕴。

❷ 铁艺枝灯

铁艺灯是奢华典雅的代名词，源自欧洲古典风格艺术。在欧式的家居风格中运用铁艺枝灯进行装饰，可以体现出居住者优雅隽永的气度。

❸ 大型灯池

欧式风格的客厅顶部通常用大型灯池来营造出欧式风格华丽的气氛。灯池的塑造原则上来说属于一种吊顶技术，即把主光源藏在造型中，用灯光对外的泛光能力，通过墙体自身的反光形成室内的光线。

▲ 美轮美奂的水晶吊灯与客厅多样的色彩搭配相得益彰，令空间呈现出精美绝伦的视觉效果

▲ 制作精良的铁艺枝灯不仅在色彩上与整体居室相协调，其雅致的造型也十分符合欧式风格的基调

▲ 水晶吊灯华丽感十足，与周围的筒灯共同组成大型灯池，为欧式风格的客厅带来明亮而充满变化的光影效果

田园风格

田园风格的家具和灯饰精致而唯美，为居室营造出浓郁的浪漫氛围

家具：回归自然是田园风格的最大特色，因此在家具的选择上会大量运用"木质元素"。此外，虽然雕花是欧式古典家具的惯用手法，但在田园风格的家居中，也会出现它们的身影。相对欧式风格的繁复，田园风格家具中雕花的应用相对收敛，所雕刻的图案一般立体感较强，制作精致细腻，令人感觉到一种严谨细致的工艺精神。

▲ 碎花图案的布艺沙发令居室充满了田园气息，花色纷繁的色彩与绿色系的空间形成色彩上的互补，清新中不乏绚烂

布艺沙发

布艺沙发在田园风格的客厅中占据着不可或缺的地位，其色彩秀丽、线条优美；柔美中却又很简洁；同时注重面布的配色与对称之美。花色上以浓烈的花卉图案，以及精美的条纹和格子为主。

白色家具 + 碎花

色彩统一的白色家具一般造型都比较简约大方，线条流畅自然，单凭视觉就能感受到清新的效果；而不大不小的精美小碎花则是田园风格的一大鲜明特征，与白色家具相搭配，既雅致，又能营造出一个属于自己的"花花世界"。

手绘家具

手绘家具也称为"手绘风格家具"，起源于欧洲 16 ~ 17 世纪，原本是农人在劳动之余信手在家具上作画，来表达劳动和丰收的喜悦，以及大自然的美好。其来源于自然的特征，与田园风格的居室十分吻合。

铁艺床

"铁艺"是田园风格装饰的精灵，或为花朵，或为枝蔓，或灵动，或纠缠，无不为居室增添浪漫、优雅的意境。用上等铁艺制作而成的铁架床、铁艺与木制品结合而成的各式家具，足以令田园风格的空间更具风味。

灯具：在田园风格的家居中，花草灯、铁艺灯、蜡烛灯、水晶灯较常为常见。灯饰颜色比较素雅，图案多以碎花、藤蔓及古典花纹为主。此外，田园风格中灯具的灯罩常会采用返璞归真的材料，比如布、麻等制成，保存了大自然原汁原味的气息。

❶ 田园吊扇灯

田园吊扇灯是灯和吊扇的完美结合，既具灯的装饰性，又具风扇的实用性，可以将古典和现代完美体现，是田园风格的家居中非常常见的灯具装饰。

❷ 碎花蕾丝布艺灯罩

田园风格居室中的灯具可以继续沿用碎花装饰，其中碎花蕾丝布艺灯罩的运用，仿佛为居室吹来了丝丝乡村田园风，给人温馨和舒适之感。这样的灯罩不仅可以任自己的心意选购，也可以自己准备喜欢的花布纯手工打造。

▲ 整个居室的田园气息浓郁，田园吊扇灯的加入，不仅为居室带来良好的照明效果，同时点睛了客厅的田园风格

▲ 书桌上的碎花蕾丝布艺灯罩甜美中带有可爱的格调，与田园风格儿童房的基调十分相配

为家居墙面

增色的主题配饰

装饰画

壁贴

不动工布置要点 ▶

装饰画
是提升家居格调的"美颜家"

装饰画属于一种装饰艺术，给人带来视觉美感、愉悦心灵。同时，装饰画也是墙面装饰的点睛之笔，即使是白色的墙面，搭配几幅装饰画，即刻就可以变得生动起来。

装饰画常见分类

❶**中国画**具有清雅、古逸、含蓄、悠远的意境，不管是山水、人物、还是花鸟，均以立意为先，特别适合与中式风格装修搭配。

❷**油画**具有极强的表现力，装饰效果极强。欧式风格的居室，色彩厚重、风格华丽，特别适合搭配油画做装饰。

❸**摄影画**的主题多样，根据画面的色彩和主题的内容，搭配不同风格的画框，可以用在多种风格之中。

❹**工艺画**是指用各种材料通过拼贴、镶嵌、彩绘等工艺制作成的装饰画，不同的装饰风格可以选择不同工艺的装饰画做搭配。

装饰达人支招

装饰画的 5 种悬挂方式

对称式： 最保守、最简单的墙面装饰手法。将两幅装饰画左右或上下对称悬挂，便可达到装饰效果，适合面积较小的区域，画面内容最好为同一系列。

重复式： 面积相对较大的墙面可采用。将三幅造型、尺寸相同的装饰画平行悬挂，成为墙面装饰。图案包括边框应尽量简约，浅色及无框款式更为适合。

水平线式： 在若干画框的上缘或下缘设置一条水平线，在这条水平线的上方或下方组合大量画作。若想避免呆板，可将相框更换成尺寸不同、造型各异的款式。

方框线式： 在墙面上悬挂多幅装饰画可采用方框线挂法。先根据墙面情况，勾勒出一个方框形，以此为界，在方框中填入画框，可以放四幅、八幅甚至更多幅装饰画。

建筑结构线式： 依照建筑结构来悬挂装饰画，以柔和建筑空间中的硬线条。例如在楼梯间，可以楼梯坡度为参考线悬挂一组装饰画，将此处变成艺术走廊。

▲ 长方框式的装饰画布局规整有序，为化解视觉上的单一感，采用不同大小的画框进行组合，丰富了视觉效果

▶ 重复式的装饰画起到了强调主题的作用，风格上的统一则令居室的装饰不显杂乱

装饰画
在家居中的运用法则

A 最好选择同种风格

室内装饰画最好选择同种风格，也可以偶尔使用一两幅风格截然不同的装饰画做点缀，但不可让人感到眼花缭乱。另外，如装饰画特别显眼，同时风格十分明显，具有强烈的视觉冲击力，最好按其风格来搭配家具、靠垫等。

B 应坚持宁少勿多，宁缺毋滥的原则

装饰画在一个空间环境里形成一两个视觉点即可。如果同时要安排几幅画，必须考虑它们之间的整体性，要求画面是同一艺术风格，画框是同一款式，或者相同的外框尺寸，使人们在视觉上不会感到散乱。

C 要给墙面适当留白

选择装饰画时，首先要考虑悬挂墙面的空间大小。如果墙面有足够的空间，可以挂置一幅面积较大的装饰画；当空间较局促时，则应当考虑面积较小的装饰画，这样才不会令墙面产生压迫感，同时，恰当的留白也可以提升空间品位。

装饰达人支招

根据墙面来挑选装饰画

现在市场上所说的长度和宽度多是画本身的长宽，并不包括画框在内。因此，在买装饰画前一定要测量好挂画墙面的长度和宽度。特别要注意装饰画的整体形状和墙面搭配。一般来说，狭长墙面适合挂放狭长、多幅组合或小幅画；方形墙面适合挂放横幅、方形或小幅画。

▲ 餐厅中的灯光很好地映射在装饰画上，为整体温暖的空间创造出更多的温馨感

▲ 狭长的墙面悬挂多幅小尺寸的挂画可以化解户型所带来的缺陷；形状上的多样组合，则丰富了空间的层次

> **Tips:** **根据居室采光来挑选装饰画**
>
> ◎光线不理想的房间，尽量不要选用黑白色系的装饰画或国画，会令空间显得更为阴暗。
>
> ◎光线强烈的房间，不要选用暖色调、色彩明亮的装饰画，会令空间失去视觉焦点。
>
> ◎利用照明可以使挂画更出色。例如，让一支小聚光灯直接照射装饰画，能营造出更精彩的装饰效果。

不动工布置要点 ▶ 壁贴 是引领家居新潮流的装饰物

墙贴是已设计和制作好的现成图案的不干胶贴纸，只需要动手贴在墙面、玻璃或瓷砖上即可。壁贴搭配整体的装修风格以及居住者的个人气质，可以为家赋予新的生命，同时引领家居装饰新潮流。

优点: 价格便宜，施工简单、方便，使用灵活，可随时更换；局部装饰性较强。

缺点: 不适宜大面积装饰；图案相对比较单一，个性化较差；时间久了易有翘边现象。

▲ 电视背景墙面运用壁贴作局部装饰，令原本单调的白色墙面变得丰富多彩

 Tips: **壁贴与壁纸的区别**

壁贴常单独使用，具有主题性的花样，像缤纷的气球、可爱的动物图样等。使用的目的是为了提升空间焦点，并不适合大面积的覆贴。例如白色墙面贴上壁贴之后，立刻具有了"空间的画龙点睛"之效。而壁纸往往是大面积铺贴，样式及色彩均较为多样。

装饰达人支招

独具创意的壁贴使用方法

装饰灯管也可做墙贴：市场上会出售一些装饰字母灯管。这些字母可以拼出自己或伴侣的名字，也能拼成节日祝福语，贴在居室的墙面上，可以增添整个空间的温馨甜蜜感，是一种随手就可办到的布置巧思。

壁雕是立体的装饰墙贴：壁雕相对于传统的墙贴，具有立体效果。从不同的角度看，由于光照和阴影的关系，会呈现不同的视觉感受，可以令家居空间显得错落有致，动感十足，为空间赋予更多的灵性。

独具创造性的 DIY 墙贴：先在空白的墙面描绘出喜爱的涂鸦图案，再利用各种风格的胶带纸根据事先描绘的图案进行粘贴。

▲ 在卧室背景墙上用黑色的胶带纸拼贴出几何形状的图形，打破了白色墙面的单调，令居室呈现出立体感与艺术感

▲ 运用装饰灯作为墙面装饰，既美化了墙面，又可以用作居室照明，一举两得

**不动工
布置要点** ▶ # 手绘墙
为家居带来与众不同的容颜

手绘墙画是运用环保的绘画颜料，依照居住者的爱好和兴趣，并迎合家居的整体风格，在墙面上绘出各种图案以达到装饰效果。手绘墙画运用于现代家居文化设计中，不但具有很好的装饰效果，其独有的画面也体现了居住者的时尚品位。

A 手绘墙在家居中的应用范围广泛

手绘墙并不局限于家中的某个位置，客厅、餐厅、卧室，甚至是卫浴都可以选择。一般来说，目前居室中选择作为电视背景墙、沙发墙和儿童房装饰的较多。另外，还有一种手绘墙属于"点睛"的类型。如果开关座、空调管等角落位置不适合摆放家具或者装饰品，这时候就可以用手绘墙画来丰富。精致的花朵、自然的树叶，往往能带来意想不到的效果。

B 手绘墙的绘制应结合家居整体风格设计

在家中做手绘墙时，应先考虑整体的家居风格及色调，只有完全协调，才能选择手绘墙的图案和色彩。另外，不建议整个房间都画上手绘图案，这会令空间显得没有层次。可以选择一面主题墙，大面积绘制，会给人带来视觉冲击力，效果突出，印象深刻。

C 手绘墙的收费以面积计算

手绘墙的收费普遍以面积计算，简单的图形 100 元 / 平方米左右，植物类手绘 400 ~ 1000 元 / 平方米，人像类手绘价格高于植物类。如果有一定的手绘功底，也可以自己作画，既节省花费，也可尽情享受涂鸦的乐趣，同时家中的手绘墙也将成为独一无二的"限量版"。

实用指南

手绘墙常见问题解疑

新房正在装修，什么时候开始制作手绘墙？

装修房间空气中没有大面积漂浮灰尘时，即可做墙面彩绘。

对一面墙进行墙面彩绘，大概要多长时间？

一般半天至两天即可，也要看图案而定。

正在住的房子可以做手绘墙吗？会影响家人居住吗？

可以制作，并且不会影响正常居住，制作中不会有任何噪声和灰尘。

墙面彩绘对家居墙面有什么要求？

只要墙面平整，无起皮，不掉墙粉即可。

一段时间后不喜欢了，是否可以更改手绘墙？

手绘墙的图案是可以更换的，但在更换之前，墙面还需要重新打一遍腻子。

手绘墙是否容易掉色？

手绘墙的寿命大概可达 20 年，一般不会出现掉色现象，但要避免刮痕。

手绘墙会不会对身体有害？

手绘墙的材料一般用的是丙烯绘画颜料，对人体不会产生伤害。

风 格

轻布置

提 案

现代风格

墙面装饰画的冷暖色调运用不拘，依据空间比例分出深浅块面

现代风格追求时尚与潮流，因此墙面装饰画的选择也遵循了这一原则。在画作的内容上以抽象图案最为常见。画作的色彩宜浓烈，也可为简单的黑白色，可根据家居环境的实际情况加以选择。另外，现代风格家居中的装饰画框不宜过于复杂，因此简洁的无框画较受欢迎。

▲ 色彩浓郁的抽象人物油画为整体简洁、素雅的现代风格居室带来了视觉上的冲击，无框的设计同样吻合现代风格追求简洁的特征

抽象艺术画

抽象画与自然物象极少或完全没有相近之处，而又具强烈的形式构成，因此比较符合现代风格的居室。将抽象画搭配现代风格家装，不仅可以提升空间品位，还可以达到释放整体空间感的效果。

无框画

无框画摆脱了传统画边框的束缚，具有原创画味道，因此更符合现代人的审美观念，同时与现代风格的居室追求简洁、时尚的观念不谋而合。

黑白装饰画

黑白装饰画即为画作图案只运用黑白灰三色完成，画作内容可具体，可抽象。黑白装饰画运用在现代风格的居室中，既符合其风格特征，又不会喧宾夺主。

艺术墙贴

艺术墙贴的种类很多，如立体墙贴、水晶墙贴等，运用于现代风格的家居中，可以很好地彰显家居特色。墙贴的图案选择也很多样，可以根据整体家居特色进行合理搭配。

或抽象或艳丽的手绘墙

现代风格的家居中如果色彩倾向于艳丽，相应的手绘墙图案可以比较写实，色彩可以较为丰富；如果色彩游走于黑白灰这类中间色，相应的手绘墙多为经过处理得比较抽象的图案。

中式风格

墙面装饰可简可繁，主要诉求为能够展现传统文化的人文内涵

中式装修风格的房间宜搭配中国风的画作，除了正式的中国画，传统的写意山水、花鸟鱼虫等主题的水彩、水粉画也很合适。也可以选择用特殊材料制作的装饰画，如花泥画、剪纸画、木刻画和绳结画等，这些装饰画多数带有强烈的传统民俗色彩，和中式装修风格十分契合。

▲ 木雕花壁挂雕刻精美，古韵十足，强调了空间的主题风格，也令客厅更显品位与格调

花鸟工笔装饰画

典型的中式图案来源于大自然中的花、鸟、虫、鱼等，因此在中式的家居空间中，被广泛运用，不仅可以将中式感觉展现得淋漓尽致，也因其丰富的色彩，而令家居空间变得异常美丽。

水墨山水装饰画

中国画的最大成功，莫过于自然天成、独树一格的水墨山水画。不同的山水，孕育不同的风情和性格。用山水装饰画装点家居，诗意、禅意、人情味，俱在其中。

中式书法装饰画

"中国书法"是中国汉字特有的一种传统艺术。被誉为：无言的诗，无行的舞；无图的画，无声的乐。装点在家居墙面，可谓集艺术性与装饰性于一体。

木雕花壁挂

在中式风格的家居中，木雕花壁挂可以作为装饰画的形式来运用。这种装饰具有文化韵味和独特风格，可以体现出中国传统家居文化的独特魅力。

带有中式图案或纹样的手绘墙

中式风格手绘墙的色彩主要是比较保守的黑色、红色或金色。图案主要来源于中国传统的图案和纹样，或是国画中经常表现的图案。

风格
轻布置
提案

欧式风格

墙面装饰要体现华丽、轻奢的视觉效果，以展现空间格调为诉求

欧式装修风格的房间适合搭配油画作品，纯欧式装修风格适合西方古典油画，别墅等高档住宅可以考虑选择一些肖像油画，简欧式装修风格的居室则可以选择一些印象派油画。

▲ 大幅人物装饰画为居室增添了英国绅士感，十分具有高雅的氛围；繁复而奢华的画框与居室的风格十分吻合

西洋画

西洋画的特点是色彩丰富鲜艳，能够充分表现物体的质感，具有很强的艺术表现力。用在欧式风格的家居空间里，可以营造浓郁的艺术氛围，表现居住者的文化涵养。

欧式建筑特色的墙贴

由于欧式风格追求典雅华贵，因此家居中不建议大面积使用墙贴，仅在个别角落位置运用带有埃菲尔铁塔、欧式路灯或城堡图案的墙贴，做点缀装饰即可。

欧式装饰符号的手绘墙

欧式风格的手绘图案色彩比较中性、低调，多以完整图画出现，突出端庄古典的贵族气质。墙画图案主要来源于古典的欧式装饰符号，来配合欧式家具、墙线的表现。

> ### 欧式风格的装饰画框也很重要
>
> 欧式风格追求细节的精致，除了在居室中悬挂西洋画之外，在画框的选择上，也别有玄机。欧式风格的装饰画框应选用线条繁琐、看上去比较厚重的金属画框，才能与之匹配，而且不排斥描金、雕花，甚至看起来较为隆重的样式，因为，这恰恰是其风格所在。

风格
轻布置
提案

田园风格

墙面装饰要达到天然、有氧的装饰效果，
令空间仿若自然田园

田园风格和欧式风格在装饰画的选择上
都较为适合油画作品，不同的是田园风
格的居室更倾向于自然风光的油画，其
色彩的明暗对比可以产生空间感，适合
田园家居追求阔达空间的需求。

▲ 大幅的自然风光油画与红砖墙面搭配得十分相宜，将整个居
室的田园乡村韵味渲染得淋漓尽致

自然风光的油画

自然风光的油画是最吻合田园风格的装饰之一，其画作内容往往力求表现悠闲、舒畅、自然
的田园生活情趣，可以传达出"回归自然"的美学特征。

具有田园特征的墙贴

田园风格的家居中，可以在空间多处位置运用墙贴进行装饰，呈现出活泼、跳跃的空间表情。
图案上除了传统的花卉、藤蔓图案，也可以运用燕子、盆栽等具有田园特征的元素作为墙贴
出现。

构图工整、色彩淡雅的手绘墙

田园家居中的手绘墙可以不拘泥于正规位置，边角随意涂鸦勾画非常多见，注重线条感，图
画构图工整但色彩比较淡雅，常见的手绘图案有花卉、藤蔓等。

> **田园风格的装饰画框应与画作内容协调统一**
>
> 田园风格家居中的装饰画不仅要在内容上表达崇尚自然、
> 结合自然的况味，其装饰相框的选择也应遵循自然的理念。
> 其中，木质相框以其质朴、天然的美感，成为田园装饰画
> 作最协调的搭配。

为家居局部

增色的强调配饰

布艺织物

工艺品

花卉绿植

**不动工
布置要点** ▶

布艺织物
是家中流动的风景

布艺织物是室内装饰中常用的物品，能够柔化室内空间生硬的线条，赋予居室新的感觉和色彩，同时还能降低室内的噪声，减少回声，使人感到安静、舒心。其分类方式有很多，如按使用功能、空间、设计特色、加工工艺等。室内常用的布艺包括：窗帘、地毯等。

家居空间常用布艺织物

家居空间	常用布艺织物
客厅	布艺沙发、沙发套、沙发扶手巾、沙发靠背巾、抱枕、茶几垫、座椅垫、座椅套、电视套、地毯、布艺窗帘、挂毯等
餐厅	桌布、餐垫、餐巾、杯垫、餐椅套、餐椅坐垫、桌椅脚套、餐巾纸盒套、咖啡帘等
卧室	床上用品、帷幔、帐幔、地毯、布艺窗帘、挂毯等
厨房	隔热垫、隔热手柄套、微波炉套、饭煲套、冰箱套、厨用窗帘、茶巾等
卫浴	卫生（马桶）坐垫、卫生（马桶）盖套、卫生（马桶）地垫、卫生卷纸套等

装饰达人支招

布艺织物的搭配方法

室内纺织品因各自的功能特点，在客观上存在着主次的关系。通常占主导地位的是窗帘、床罩、沙发布，第二层是地毯、墙布，第三层是桌布、靠垫、壁挂等。第一层次的纺织品类是最重要的，它们决定了室内纺织品配套总的装饰格调；第二和第三层次的纺织品从属于第一层，在室内环境中起呼应、点缀和衬托的作用。正确处理好它们之间的关系，是使室内软装饰主次分明，宾主呼应的重要手段。

▲ 客厅中的绿色簇绒地毯与沙发上色彩丰富的抱枕，与整体清新、自然的居室环境搭配协调，同时丰富了空间的表情

▲ 卧室中选用飘逸的帐幔围合睡床，既营造出安静的睡眠环境，又美化了空间，同时其柔和的材质也符合卧室选用布艺产品的理念

 选择布艺产品应注意的要点

◎选择布艺产品，主要是对其色彩、图案、质地进行选择。

◎在色彩和图案上，要根据家具的色彩、风格来选择，使整体居室和谐完美。

◎在质地上，要选择与其使用功能相一致的材质，例如卧室宜选用柔和的纯棉织物，厨房则可选用易清洁的面料。

不动工布置要点 ▶ 窗帘 是营造居室万种风情的好帮手

窗帘是家居装饰中不可或缺的要素，或温馨或浪漫，或朴实或雍容，为居室带来万种风情。此外，窗帘还具有多种功能，如保护隐私、调节光线和室内保温等；而厚重、绒类布料的窗帘还可以吸收噪声，在一定程度起到遮尘防噪的效果。

③

窗帘常见分类

❶**开合帘 / 平开帘**为沿着轨道的轨迹或杆子做平行移动的窗帘。主要包括的形式有欧式豪华型、罗马杆式及简约式等。

❷**罗马帘**指在绳索的牵引下作上下移动的窗帘。比较适合安装在豪华风格的居室中，特别适合有大面积玻璃的观景窗。

1

❸**卷帘**指随着卷管的卷动而作上下移动的窗帘，一般起阻挡视线的作用，使用方便、便于清洗。适合安装在书房、卫浴间等面积小的房间。

❹**百叶帘**指可以作 180 度调节，并作上下垂直或左右平移的硬质窗帘。适用于书房、卫浴、厨房，具有阻挡视线和调节光线的作用。

4

2

装饰达人支招

选择合适窗帘的 3 大方式

◎**窗帘款式的挑选方式：**首先应考虑居室的整体效果，其次考虑花色图案的协调感，最后根据环境和季节确定款式。除此之外，还应考虑其尺寸和样式，面积不大的房间宜简洁、大气，大面积的房间可采用精致、气派或具有华丽感的样式。

◎**确定窗帘尺寸的方法：**可结合窗户的特点进行选择。

窗户特点	选择要点
高而窄的窗户	选长度刚过窗台的短帘，并向两侧延伸过窗框，尽量暴露最大的窗幅
宽而短的窗户	选长帘、高帘，让窗幔紧贴窗框，遮掩窗框宽
较矮的窗户	可在窗上或窗下挂同色的半截帘，使其刚好遮掩窗框和窗台，造成视觉的错觉

◎**确定窗帘花色的方法：**所谓"花色"，是窗帘花的造型和配色。窗帘图案不宜过于繁琐，要考虑打褶后的效果。窗帘花型有大小之分，可根据房间的大小进行具体选择。

空间特点	选择要点
空间面积大	窗帘可选择较大花型，给人强烈的视觉冲击力，但会使空间感觉有所缩小
空间面积小	窗帘应选择较小花型，令人感到温馨、恬静，且会使空间感觉有所扩大
新婚房	窗帘色彩宜鲜艳、浓烈，以增加热闹、欢乐气氛
老人房	窗帘宜用素净、平和色调，以呈现安静、和睦的氛围

地毯
是提升家居亮点的绝佳装饰

地毯是以棉、麻、毛、丝、草等天然纤维或化学合成纤维为原料，经手工或机械工艺进行编结、栽绒或纺织而成的地面铺敷物。最初，地毯用来铺地御寒，随着工艺的发展，成为了高级装饰品，能够隔热、防潮，具有较高的舒适感，同时兼具美观的观赏效果。

地毯常见分类

❶**羊毛地毯**以羊毛为主要原料，毛质细密，具有天然的弹性，受压后能很快恢复原状；不带静电，不易吸尘土，具有天然的阻燃性。

❷**混纺地毯**掺有合成纤维，价格较低。花色、质感和手感上与羊毛地毯差别不大，但克服了羊毛地毯不耐虫蛀的缺点，同时具有更高的耐磨性，有吸音、保湿、弹性好、脚感好等特点。

❸**化纤地毯**也叫合成纤维地毯，如丙纶化纤地毯、尼龙地毯等。化纤地毯耐磨性好并且富有弹性，价格较低。

❹**塑料地毯**采用聚氯乙烯树脂、增塑剂等混炼、塑制而成。质地柔软，色彩鲜艳，舒适耐用，不易燃烧且可自熄，不怕湿，经常用于浴室，起防滑作用。

❺**草织地毯**主要由草、麻、玉米皮等材料加工漂白后纺织而成。其乡土气息浓厚，适合夏季铺设，但易脏、不易保养，经常下雨的潮湿地区不宜使用。

装饰达人支招

地毯在家居中的运用方式

根据家居空间选择：

◎ 挑高空旷的空间中，地毯的选择可以不受面积的制约而有更多变化，合理搭配一款适宜的地毯能弥补大空间的空旷缺陷。

◎ 开放式的空间中，地毯不仅能起到装饰作用，还可用于象征性功能分区。例如，挑选一两块小地毯铺在就餐区和会客区，空间布局即刻一目了然。

◎ 在大房间中试试地毯压角斜铺，一定能为空间带去更多变化感。

◎ 如果整个房间通铺长绒地毯，能起到收缩面积感、降低房高的视觉效果。

▲ 在面积较大的居室中，运用地毯来划分出不同的功能区域，既合理地利用了空间，又为空间注入了更多的功能

根据家居色彩选择：

◎ 在墙面、家具、软装饰都以白色为主的空间中，不妨在地毯上玩一回"色彩游戏"，让空间中的其他家居品都成为映衬地毯艳丽图案的背景色。

◎ 色彩丰富的家居环境中，最好选用能呼应空间色彩的纯色地毯。

◎ 选择与壁纸、窗帘、靠包等装饰图案相同或近似的地毯，可以令空间呈现立体装饰效果，也是在装饰复杂的环境中使用地毯的法宝之一。

▲ 地毯的花色与窗帘、布艺沙发同属一个系列，令居室呈现出统一的格调，也避免了花色过多所带来的杂乱感

工艺品
是家居环境中的点睛装饰

工艺品是通过手工或机器将原料或半成品加工而成的产品，是对一组价值艺术品的总称。工艺品来源于生活，又创造了高于生活的价值。在家居中运用工艺品进行装饰时，要注意不宜过多、过滥，只有摆放得当、恰到好处，才能拥有良好的装饰效果。

工艺品常见分类

❶**金属工艺品**是家居中常用的装饰元素，可以成为家居中独特的美学产物。其线条明快、简洁，集功能性和装饰性于一体。

❷**玻璃工艺品**通透、多彩、纯净、莹润，可以起到反衬和活跃气氛的效果。

❸**编织工艺品**是将植物的枝条、叶、茎、皮等加工后，用手工编织而成；形成了天然、朴素、清新、简练的特色。

❹**水晶工艺品**是由水晶材料制作的装饰品，具有晶莹剔透、高贵雅致的特点，有很好的装饰作用。

❺**陶瓷工艺品**是利用陶瓷材料制作而成的一种工艺品，具有时尚美观的艺术特征。

❻**雕刻工艺品**是以木、石、竹、兽骨等材料雕刻的和以黏土等材料塑造而成的小型或装饰性手工艺品；不仅具有艺术性，而且较为环保。

装饰达人支招

不同工艺品的摆放方式

视觉中心宜摆放大型工艺品：一些较大型的反映设计主题的工艺品，应放在较为突出的视觉中心的位置，以起到鲜明的装饰效果，使居室装饰锦上添花。如在起居室主要墙面上悬挂主题性的装饰物，常用的有兽骨、兽头、刀剑、绘画、条幅、古典服装或个人喜爱的收藏等。

小型工艺品可成为视觉焦点：小型工艺饰品是最容易上手的布置单品，在开始进行空间装饰的时候，可以先从此着手进行布置，增强自己对家饰的感觉。小的家居饰品往往会成为视觉的焦点，更能体现居住者的兴趣和爱好，例如彩色陶艺等可以随意摆放的小饰品。

▲ 客厅中在沙发附近的位置，摆放了大量带有中式民族风情的装饰品，将居住者的品位呈现出来，也令空间彰显出高雅的氛围

▲将沙发背景墙设计为一整面书柜，将家居中的书籍做了有效收纳；为了避免单调，在书柜中点缀小型工艺品，令墙面熠熠生辉

装饰花艺
是极富诗情画意的装饰品

装饰花艺是指将剪切下来的植物的枝、叶、花、果作为素材，经过一定的技术（修剪、整枝、弯曲等）和艺术（构思、造型、配色等）加工，重新配置成一件精致完美、富有诗情画意、能再现大自然美和生活美的花卉艺术品。花艺设计包含了雕塑、绘画等造型艺术的所有基本特征。

花艺风格分类

❶**东方插花**有中国插花和日本插花之分。东方的花艺花枝少，着重表现自然姿态美，多采用浅、淡色彩，以优雅见长。造型多运用青枝、绿叶来勾线、衬托。形式追求线条、构图的变化，以简洁清新为主，讲求浑然天成的视觉效果。用色朴素大方，一般只用 2 ~ 3 种花色，色彩上多用对比色，特别是花色与容器的对比，同时也采用协调色。

种类名称	特征
中国插花	风格上强调自然的抒情，优美朴实的表现，淡雅明秀的色彩，简洁的造型。基本的花型可分为：直立型、倾斜型、平出型、平铺型和倒挂型
日本插花	日本的花艺依照不同的插花理念发展出相当多的插花流派，如松圆流、日新流、小原流、嵯峨流等

❷**西方插花**也称欧式插花，总体注重花材外形，追求块面和群体的艺术魅力，色彩艳丽浓厚，花材种类多、用量大，追求繁盛的视觉效果，布置形式多为几何形式，一般以草本花卉为主。形式上注重几何构图，讲求浮沉型的造型，常见半球形、椭圆形、金字塔形和扇面形等。色彩浓厚、浓艳，创造出热烈的气氛，表现出热情奔放、雍容华贵、端庄大方的风格，具有富贵豪华的气氛，且对比强烈。

❶

❷

装饰达人支招

插花色彩与家居色彩要相宜

◎环境色较深的情况下，插花色彩以选择淡雅为宜。

◎环境色简洁明亮的，插花色彩可以用得浓郁鲜艳一些。

◎插花色彩还可以根据季节变化来运用，最简单的方法为使用当季花卉作为主花材。

▲ 厨餐厅的色泽较为淡雅，餐桌上的插花在色彩上则比较鲜艳，令居室的色调不再单一

▲ 餐桌上的插花运用了多种色彩进行组合，为了整体协调性，在插花的底部用颜色略深的绿色来衬托颜色略浅的花卉；花卉的色彩则较多运用白色系，其他鲜艳花卉为点缀

Tips: 花卉与花卉之间的配色技巧

◎一种色彩的花材，色彩较容易处理，只要用相宜的绿色材料相衬托即可，绿色可以和任何颜色取得协调感。

◎涉及两三种花色则须对各色花材审慎处理，应注意色彩的重量感和体量感。色彩的重量感主要取决于明度，明度高者显得轻，明度低者显得重。正确运用色彩的重量感，可使色彩关系平衡和稳定。例如，在插花的上部用轻色，下部用重色，或是体积小的花体用重色，体积大的花体用轻色。

不动工布置要点 ▶

装饰花艺
色彩设计的原则

A 色彩调和是插花艺术构图的重要原则之一

花艺设计中的色彩调和就是要缓冲花材之间色彩的对立矛盾，在不同中求相同，通过不同色彩花材的相互配置，相邻花材的色彩能够和谐地联系起来，互相辉映，使插花作品成为一个整体而产生一种共同的色感。

B 插花用色要耐看且符合插花人审美情趣

插花的用色不仅是对自然的写实，而且是对自然景色的夸张升华。插花使用的色彩，首先要能够表达出插花人所要表现出的情趣，或鲜艳华美，或清淡素雅。其次，插花色彩要耐看：远看时进入视觉的是插花的总体色调，总体色调不突出，画面效果就弱，作品容易出现杂乱感，而且缺乏特色；近看插花时，要求色彩所表现出的内容个性突出，主次分明。

实用指南

常见的插花器皿种类

陶瓷花器

种类很多，有的苍翠欲滴、明澈清润；有的色彩艳丽、层次分明，可以体现出多元化的装饰效果。

玻璃花器

颜色鲜艳，晶莹透亮，常见有拉花、刻花和模压等工艺，车料玻璃最为精美。

塑料花器

最为经济的花器，价格低廉，轻便且色彩丰富、造型多样。

金属花器

有豪华、敦厚的观感，根据制作工艺的不同能够反映出不同时代的特点。在东、西方的花艺中都是不可缺少的道具。

Tips: 花卉与容器之间的色彩搭配要协调

花卉与容器之间的色彩搭配主要可以从两方面进行：一是采用对比色组合；二是采用调和色组合。对比配色有明度对比、色相对比、冷暖对比等。运用调和色来处理花与器皿的关系，能使人产生轻松、舒适感。方法是采用色相相同而深浅不同的颜色处理花与器的色彩关系，也可采用同类色和近似色。

编织花器

具有朴实的质感，与花材搭配具有田园气氛；易于加工，形式多样，具有原野风情。

不动工布置要点 ▶

绿植
是营造有氧空间的清新剂

绿植为绿色观赏观叶植物的简称，因其耐阴性能强，可作为观赏植物在室内种植养护。在家居空间中摆放绿植不仅可以起到美化空间的作用，还能为家居环境带入新鲜的空气，塑造出一个绿色有氧空间。

A 绿植在家居中的摆放不宜过多、过乱

室内摆放植物不要太多、太乱、不留空间。一般来说，居室内绿化面积最多不得超过居室面积的 10%，这样室内才有一种扩大感，否则会使人觉得压抑；植物的高度不宜超过 2.3 米。另外，在选择花卉造型时，还要考虑家具的造型。如在长沙发后侧，摆放一盆高而直的绿色植物，就可以打破沙发的僵直感，产生一种高低变化的节奏感。

B 避免种植芳香花卉和有毒花卉

一些过于芳香和有毒的花卉，不适宜家居种植，如茉莉、柠檬、米兰等花卉过于芳香；虎刺梅、变叶木、光棍树、霸王鞭、一品红等大戟科植物和夹竹桃、长春花、玻璃翠等夹竹桃科植物，体内都含有对人体有毒的生物碱，应坚决避免在室内种植。

> **** **植物与空间色彩的搭配技巧**
>
> ◎环境色调浓重，则植物色调应浅淡些。如南方常见的万年青，叶面绿白相间，在浓重的背景下显得非常柔和。
> ◎环境色调淡雅，植物的选择性相对就广泛一些，叶色深绿、叶形硕大和小巧玲珑、色调柔和的都可兼用。

装饰达人支招

根据居室朝向选择绿植

◎朝南居室：每天能接受 5 小时以上的光照，下列花卉能生长良好、开花繁茂：君子兰、百子莲、金莲花、栀子花、茶花、牵牛、天竺葵、杜鹃花、月季、郁金香、水仙、风信子、冬珊瑚等。

◎朝东、朝西居室：适合仙客来、文竹、天门冬、秋海棠、吊兰、花叶芋、金边六雪、蟹爪兰、仙人棒类等绿植。

◎朝北居室：适合棕竹、常春藤、龟背竹、豆瓣绿、广东万年青、蕨类等绿植。

▲ 居室的色彩明亮，因此在绿植的选择上较为广泛，无论是小型的绿萝，还是大型的盆栽，无不为空间注入活力与清新

现代风格

配饰讲求简单大方，不喧宾夺主，符合空间风格感

由于现代风格的造型简洁，反对多余装饰，在配饰的选择上，重精致到位，不重数量浩繁；用色比较广泛，其中，强烈的对比色彩可以更好地凸显风格特征，创造出特立独行的个人风格；直线、简练的几何造型是其常见的形态特征，常用于家居装饰中。

▲ 客厅中采用冷色调的竖条纹地毯，呼应整体家居风格；不多的工艺品运用到位，将现代风格的简洁与时尚诠释得恰到好处

纯色或条状图案的窗帘

现代风格要体现简洁、明快的特点，因此可以选择纯棉、麻、丝这些材质的窗帘，以保证窗帘自然垂地的感觉；此外，百叶帘、卷帘也比较适合现代风格的居室。窗帘的颜色可以比较跳跃，但一定不要选择花色较多的图案，以免破坏整体家居环境，可以考虑选择条状图案。

带有创意色彩的几何地毯

现代家居中地毯多采用纯色。浅色可增加空间感，令房间看起来宽敞、幽静，而深色及暖色则会使居室显得舒适、安逸。在主色调较为清冷的现代风格家居中，可以搭配羊毛地毯或波斯地毯，用以提升整个家居空间的档次。而在带有创意色彩的现代风格家居中，则可以利用兽皮地毯、几何地毯、不规则块毯、反差色调地毯等，来充分彰显居住者特立独行的性格。

造型别致的金属、玻璃类工艺品

现代风格家居的家具一般总体颜色比较浅，所以工艺品应承担点缀作用。工艺品的线条较简单，设计独特，可以选用比较出挑一点的物件，或者造型简单别致的瓷器和金属或玻璃工艺品。

颀长形花卉搭配玻璃或塑料花器

插花在花材的选择上较为广泛，但最好选择颀长花卉，搭配透明玻璃花器就会很好看。现代家居中的花器选择很关键，玻璃、塑料花器较为适用，繁复大气的欧式陶瓷花器和金属花器应避免使用。

中式风格

强调配饰体现出清雅的意韵，注重居住者情怀的体现

中式风格强调配饰应体现出高雅的格调；色彩大多以红色、黄色、青蓝色等为主，也不乏绿色的玉石装饰；形状上常以圆形和方形出现，体现出天圆地方的东方文化中的审美。另外，传统的中式花鸟图案也是中式家居中的常见装饰图案。

▲ 地毯的色调与家具同属一个系列，将居室的古典韵味渲染得恰到好处；枯木的运用，则令空间意韵再提一个高度

色彩浓重带有传统中式图案的窗帘

中式家居风格中的窗帘色彩浓重、花纹繁复，常使用带有中国传统寓意的图案。窗帘的帘头比较简单，运用拼接的方法和特殊的剪裁，同时运用金色和红色作为陪衬，华贵而大气。此外，中式家居的窗帘式样不宜太夸张，要在小巧中凸显精致的设计，而且有种平稳的感觉。

体现古朴、典雅意韵的回字纹、花鸟图案的地毯

中式地毯的选择要与家居风格一样，体现出古朴、典雅的寓意；色彩上以中间色和深色的冷色调为主，多用回字纹、花鸟图案做装饰；材质上可以选用羊毛地毯或混纺地毯。

彰显中国传统美学精神的瓷器、玉石类工艺品

中式风格的室内工艺品追求的是一种修身养性的生活境界。可以在家居中设计博古架或者陈列架，将具有中式风情的陈列品，如宝瓶、玉石工艺品等加以展示，不仅充分体现出中国传统的美学精神，更显居住者的品位与尊贵。

寓意高洁的花卉绿植

中式风格在整体上呈现出优雅、清淡的格调，要格外注意环境与植物的协调，适合摆放古人喻之为君子的高尚植物元素，如兰草、青竹等。另外，中式观赏植物注重"观其叶，赏其形"，适宜在家里放置附土盆栽。

风格 轻布置 提案

欧式风格

尽显华贵的配饰，在细微处体现极致的精美艺术

欧洲风格追求华丽、高雅，具有很强的文化韵味和历史内涵，配饰追求在细节处体现出极致华美。白色、金色、黄色、暗红色是欧式风格中常见的主色调，有时也用少量白色糅合，使色彩看起来明亮。常见的装饰图案有玫瑰、叶形、古罗马卷草纹样等。

▲ 金色与黑色相间的花色地毯，既复古，又大气感十足；同时与窗帘在色彩和图案上形成呼应，将欧式风情在细节处体现到极致

体现良好质感并搭配具有精致设计细节的窗帘

欧式风格的家居窗户比较高大，选择的窗帘应该更具有质感，比如考究的丝绒、真丝、提花织物等；颜色和图案也应偏向于跟家具一样的华丽、沉稳，暖红、棕褐、金色都可以考虑。另外，一些装饰性很强的窗幔以及精致的流苏会起画龙点睛的作用。

绚丽图案的羊毛地毯

地毯在欧式风格的家居中，起着举足轻重的作用。一般多采用羊绒地毯来彰显浓郁的欧式贵族风情。在图案上，常使用宫廷"美术式""采花式"等，将欧式的华贵、绚丽体现得淋漓尽致。

雕刻及镶工精致的工艺品

欧式风格家居中的工艺品讲究精致与艺术，可以在家具的适合位置摆放一些雕刻及镶工比较精致的艺术品，充分展现丰富的艺术气息。其中，金边茶具、银器、玻璃杯、雕像等器件是很好的点缀物品。

花材繁复的插花

欧式风格追求高雅的奢华感，这种华美的空间很适合用花朵繁复的玫瑰、向日葵、非洲菊来衬托。比起中式气质的植物注重观叶，欧式风格更注重赏花盆，室内置花也以水养插花为主。

田园风格

强调配饰与自然元素休戚相关，随处体现"繁花似锦"的景象

田园风格的家居配饰以重视生活的自然舒适性、突出清婉惬意的格调为主。色彩上以奶白、黄色、红色、蓝色的色彩搭配为主。用料崇尚自然，比如陶、木、石、藤、竹等。在织物质地的选择上多采用棉、麻等天然制品。此外，居室还要通过绿化把居住空间变为"绿色空间"。

▲ 小体量的花艺装饰与碎花布艺沙发遥相呼应，令空间中的田园气息呼之欲出

材质透气的花卉图案窗帘

在田园风格的家居中，窗帘以花卉图案为主，同时条纹与格子图案也应用广泛；色彩以自然色调为主，酒红、墨绿、土褐色最为常见；而面料多采用棉麻材质，有着极为舒适的手感和良好的透气性。

自然材质并带有花草图案的地毯

田园风格的地毯其图案也常以花草为主，无论是繁复的大花图案，还是雅致的碎花图案，无不为居室增添柔美气息。另外，自然材质的地毯，属于低碳环保的绿色材料，不仅能带来舒适的脚感，更可以为家居空间带来清新自然、健康环保的生活气息。

来源于自然的工艺品

打造田园家居氛围，并非要彻头彻尾地通室装饰，一两件极具田园气质的工艺品，就能塑造出别样情怀。如石头、树枝等，一切皆源于自然，可以不动声色地发挥出自然的魔力。

色彩丰富的小体量插花

在田园风格的家居中，插花一般采用小体量的花卉，如薰衣草、雏菊、玫瑰等，这些花卉色彩鲜艳，给人以轻松活泼、生机盎然的感受。另外，田园家居中经常会利用图案柔美浪漫、器形古朴大气的各式花器配合花卉来装点居室。

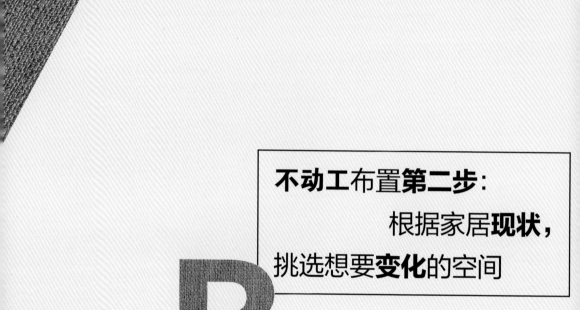

B

不动工布置第二步：
　　　　根据家居现状，
挑选想要**变化**的空间

你也许无法用特定的词汇来描绘喜欢的家居

你或许只会说我想让家住起来舒适一些

或者让家居中充满度假的气息

这样的想法并非难以实现

只要找准了家具及配饰的种类

哪怕是随性而为地将它们进行组合

就可以令居室达到焕然一新的视觉效果

家居主空间——客厅

客厅是家居中会客的主要空间，其装饰摆放可以彰显出主人的品位。

不动工布置要点

学会摆放客厅家具

客厅家具的大小和数量
应与居室空间协调

空间面积较大的客厅可以选择较大的家具，数量也可适当增加一些。家具太少，容易造成室内空荡荡的感觉。而空间面积较小的客厅，则应选择一些精致、轻巧的家具。家具太多太大，会使人产生一种窒息感与压迫感。

掌握客厅家具布置的
过渡与呼应原则

家具的形色总不会都是一样的，所以一定要注意个体家具之间、家具与整体环境之间的过渡与呼应。例如，沙发与茶几都是简洁的造型，彼此之间有很好的呼应；茶几上的布艺饰品则给视觉一个和谐的过渡，使得空间变得非常流畅、自然。

掌握客厅家具布置的
对比与协调原则

在客厅中，家具的对比无处不在，无论是风格上的现代与传统、色彩上的冷与暖、材质上的柔软与粗糙，都能增添空间的趣味。但是对比不宜过于强烈，应在家具整体大风格统一的基础上，运用一两件不同品类的家具来增色，切忌过多。

掌握客厅家具布置
单纯与风格的原则

购买家具最好配套，以达到家具的大小、颜色、风格和谐统一。家具与其他设备及装饰物也应风格统一，有机地结合在一起。如平面直角电视应配备款式现代的组合柜；窗帘、灯罩、床罩、台布等装饰的用料、式样、颜色、图案也应与家具及设备相呼应。

63

设计专栏

令客厅空间的家具摆放更舒适的方法

◀ Points 1

客厅的家具摆放要遵循合理的动线

家居中客厅的动线安排是室内设计的重点，由两部分构成，一是固定构造物及摆设，比如客厅的主体——沙发组合，其组合方式要与家人的生活方式相符，可以采用沙发平行的做法，方便家人面对面的交谈；二是人流、物流的路径，即动线要顺畅。

◀ Points 2

将造型感强的家具摆放在显眼处

造型感强的家具可以为家居制造亮点，如烘托过于平白的墙面，令墙面风格即刻提升。同一空间中摆放不同形状的家具，会出现有趣的视觉效果。

◀ Points 3

利用家具为客厅中的多余空间做即兴设计

如果客厅的空间过于空旷，不妨在合适的位置打造摆放一个工作台，或者建造一个吧台，甚至摆放上一架钢琴，这样的设计手法不仅规避了空间问题，而且为家居生活增添了别样的乐趣。

◀ Points 4

利用家具为客厅加入书房功能

在客厅中加入书房的功能十分简单，只要在合适的位置摆放上具有收纳功能的书柜或书架即可。需要格外注意的是，书房和客厅的组合，书房多半是一个辅助性的功能，不能完全替代客厅的功能。

◀ Points 5

长条形小客厅摆放家具的技巧

如果小客厅是长条形的，空间也比较规整，不妨试试将沙发和电视柜相对，各平行于长度较长的墙面，靠墙而放。然后再根据空间的宽度，选择沙发、电视、茶几等的大小。这样的布局能为空间预留出更多活动的空间，也方便有客人来时增加座椅。

常见客厅家具摆放方法

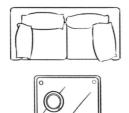

沙发 + 茶几

这是最简单的布置方式，适合小面积的客厅。因为家具的元素比较简单，因此在家具款式的选择上，不妨多花点心思，别致、独特的造型款式能给小客厅带来变化的感觉。

三人沙发 + 茶几 + 单体座椅

三人沙发加茶几的形式太规矩，可以加上一两把单体座椅，打破空间的简单格局，也能满足更多人的使用需要。

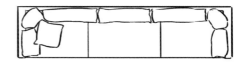

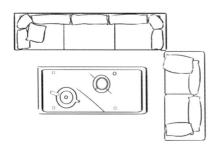

L 形摆法

L 形是客厅家具常见的摆放形式。三人沙发和双人沙发组成 L 形，或者三人沙发加两个单人沙发……多种组合变化，让客厅更丰富多彩。

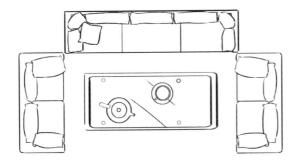

围坐式摆法

主体沙发搭配两个单体坐椅或扶手沙发组合而成的围坐式摆法，能形成一种聚集、围合的感觉，适合一家人在一起看电视，或很多朋友围坐在一起高谈阔论。

对坐式摆法

将两组沙发对着摆放的方式不大常见，但事实上这是一种很好的摆放方式，尤其适合越来越多的不爱看电视的人的客厅。而且面积大小不同的客厅，只需变化沙发的大小就可以了。

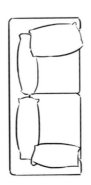 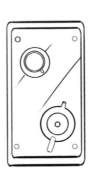 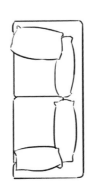

不动工布置要点

沙发、茶几

找到完美的沙发、茶几组合，
客厅布置完成 50%

　　在客厅的家具布置中，沙发可谓是最抢眼、占地面积最大、最影响居室风格的家具之一。因此，一个居室的装修与布置，业主往往在沙发的选购方面耗费最大的精力。沙发就像船锚一样，会让空间里的其他家具各自找到安身之所。

　　与此同时，与沙发在效果体现上最相得益彰的茶几，也不可或缺。茶几一般摆在沙发附近，与沙发相互呼应。茶几不仅可以用来摆放水杯、茶壶等日用品，对于客厅中没有配置电视柜的家庭来说，茶几也是放置各种遥控器的最佳选择。

❶ 茶几在色彩与材质上与沙发形成对比

❷ 沙发靠墙摆放，稳定空间格局

沙发最好靠墙摆放

沙发最好靠墙摆放,不仅有利于规划空间格局,而且还可以在心理上给人以安全感。倘若沙发背后确实没有实墙可靠,较为有效的改善方法是把矮柜或屏风摆放在沙发背后。

依据墙面尺寸挑选沙发

在挑选沙发时,可依照墙面宽度来选择合适的尺寸。要注意的是,沙发的宽度最好占墙面的1/3 ~ 1/2,这样空间的整体比例才较为舒服。例如,靠墙为 5 米,就不适合只放 1.6 米的双人沙发;同样也不适合放置近达 5 米的多人沙发,会造成视觉的压迫感,并影响居住者行走的动线。另外,沙发两旁最好能各留出 50 厘米的宽度,来摆放边桌或边柜。

Tips:

摆放沙发需避免的事项

①沙发顶上不宜有灯直射:灯光从头顶直射下来,会令人的情绪紧张,头昏目眩。因此,最好将光源改装射向墙壁。

②沙发顶忌横梁压顶:沙发上有横梁压顶,会在视觉和心理上给人带来压迫感,应尽量避免。

③沙发勿与大门对冲:沙发若与大门成一条直线,开关门时会带来冷空气,给人体造成不适。

❶ 沙发两侧有预留空间放置茶几

装饰达人支招

客厅沙发的选择方法

根据客厅空间选择沙发尺寸：沙发面积占客厅空间约 25% 最为合适。沙发的大小、形态取决于户型大小和客厅面积，不同的客厅，沙发的选购也会不一样。

小客厅：小客厅可以选择双人沙发或者是三人沙发，一般 10 平方米左右的房子即可摆放三人沙发。

大客厅：客厅空间较大，可以选择转角沙发。这种沙发比较好摆放。另外，还可以选择组合沙发，即一个单人位，一个双人位和一个三人位（客厅差不多需要 25 平方米左右）。

沙发花色的选择方法：由于沙发的种类很多，款式不一，颜色也丰富多彩，往往令人眼花缭乱。因此在搭配时，应注意居室的整体环境。最简洁的方式为选择色彩简洁的经典款，再结合居室风格搭配一些相宜的抱枕，就能轻易变换居室风格。

 搭配合理的沙发花色可以令客厅更生动

虽然印花时髦或图案鲜明的沙发容易局限客厅风格，但如果搭配合理，则可以令居室显得生动有活力。如选择花色活泼有趣，且图案耐脏的布艺沙发，可以令居室充满艺术感；或是用垂直条纹的沙发来拉长、放大客厅的空间感。

▲ 为了避免白色沙发的单调感，故摆放上咖色和英伦风格的抱枕，丰富了居室的表情

常见的沙发款式

传统款式

传统款式沙发的特征为圆弧线条搭配古典细节，如拉扣、打褶、裙边等。传统沙发外形常常带有一种包覆感，令人感到舒心、安全。

■ 基本款
☐ 流行款

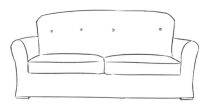

■ 基本款
☐ 流行款

现代款式

简单干净的线条和四方的外形是现代款式沙发的特色，拥有一种休闲、清爽的氛围，又不失设计和利落感，非常适合现代风格和简约风格的客厅。

L 形款式

L 形沙发是最为常见的款式，但事实上这种沙发并不实用，因为转角处并不方便平时的靠坐，同时也无法直视电视。这类沙发比较适合当沙发床使用。

■ 基本款
☐ 流行款

无扶手沙发

对于小空间来说，无扶手沙发能充分提供座位面积。这类沙发的外型通常看起来很有现代感，但椅面等处同样拥有精致细节，因此，搭配任何家居风格都没有问题。

■ 基本款

□ 流行款

■ 基本款

□ 流行款

简约风款式

简约风款式的沙发多为素色，线条简单利落，且易于搭配，因此受到不少业主的喜爱。但由于形式过于简约，若空间中有较为突出、耀眼的家具或摆件，这类沙发就容易被忽略。

布艺无脚款式

囚其特有的褶皱外形也被称为"沙皮狗沙发"。简单的褶皱很有层次感，摆放在客厅中有种说不出的闲散、放松感。

□ 基本款

■ 流行款

□ 基本款

■ 流行款

古典风皮沙发

皮革材质的沙发经久耐用，用得越久皮革越光泽靓丽、触感更柔软；此外，皮沙发会给居室带来气派感，成为客厅中完美的加分装饰。

茶几要和沙发互补并形成对比

选定沙发为空间定位风格后，再挑选茶几的颜色、样式来与沙发搭配，就可以避免桌椅不搭调的情况。最好选择和沙发互补，又能形成对比的样式。例如，选择休闲感极强的美式真皮沙发，可以搭配较阳刚、厚重的茶几；选择自然舒适的布艺沙发，可以配合北欧简约风格的塑料材质小茶几、小型玻璃茶几及长方形金属茶几等。若是沙发的椅角比较精致，就可以挑选有分量的茶几；如果沙发是深色，选择浅色系的茶几则能形成一定的视觉冲击力。

Tips:

茶几的常见形状和尺寸

茶几根据形状大致可以分为方形、长方形和圆形。方形茶几的常见尺寸为：宽度90、105、120、135、150（厘米），高度33～42（厘米）。长方形茶几的常见尺寸为：小型茶几长度60～75（厘米），宽度45～60（厘米），高度38～50（厘米）（38厘米最佳）；中型茶几长度120～135（厘米），宽度38～50（厘米）或60～75（厘米）；大型茶几长度150～180（厘米），宽度60～80（厘米），高度33～42（厘米）（33厘米最佳）。圆形茶几的常见尺寸为：直径75、90、105、120（厘米），高度33～42（厘米）。

独立茶几的材质要与其他家具材质做呼应

若是购买独立的茶几，则要留意其材质是否出现在客厅中的其他地方。例如，选择大理石台面的茶几，家中却并没有相同材质的物件，会造成单一材质突兀地出现在空间中，与客厅空间难以达成协调性。

❶ 几何形的透明茶几与布艺
沙发搭配，现代感十足

❷ 藤制茶几和绿萝的搭配，
充满自然风情

茶几摆放位置宜固定

茶几在摆放时要固定位置，不要随意来回移动。如果客厅空间充裕，可以将茶几摆放在沙发前面；倘若沙发前的空间不充裕，则可把茶几改放在沙发旁；而在长条形的客厅中，宜在沙发两旁摆放茶几。

茶几摆放符合人体工学，动线才会顺畅

茶几摆放在触手可及之处固然方便，但却要小心成为路障。因此，合乎人体工学的茶几摆放位置显得尤为重要：

①茶几跟主墙最好留出 90 厘米的走道宽度；

②茶几跟主沙发之间要保留 30 ~ 45 厘米的距离（45 厘米的距离为最舒适）；

③茶几的高度最好与沙发被坐时一样高，大约为 40 厘米。

❶ 茶几与沙发等高

❷ 茶几与沙发之间保有距离

装饰达人支招

根据客厅的大小选择茶几

小客厅：可以摆放椭圆形、造型柔和的茶几，或者是瘦长形、可移动的简约茶几。另外，客厅茶几可以简单分为底部镂空及有抽屉的两种。后者因多了收纳空间而较受欢迎，但如果客厅面积有限，则建议选择镂空型茶几，可以令客厅看起来更为通透，在视觉上带来扩大空间的效果。

大客厅：可以考虑摆放沉稳、深暗色系的木质茶几。

▲ 小客厅中摆放造型简洁的长方形茶几，不会过多占用空间

▲ 沉稳的木质茶几摆放在大客厅中，不但不会令空间显得逼仄，还平衡了空间的重量感

不动工布置要点

座椅、边几、电视柜

点缀客厅活泼度的
小单品家具

　　客厅中除了沙发、茶几这两种定调的家具之外，还有一些小单品家具，如电视柜、座椅、边几等。这类体量相对不大的家具，运用合理可以为客厅带来活泼、生动的表情。

　　一般摆放完沙发之后，通常就是单人椅的配置，因为单人椅能即刻为空间营造出不同的个性。边桌的作用则为提升空间的收纳能力，同时在小面积的客厅中，有取代茶几的作用。

　　电视柜的主要作用是用来摆放电视，但随着生活水平的提高，与电视相配套的电器设备相应出现，导致电视柜的用途从单一向多元化发展，不再是单一摆放电视的用途，而是集电视、机顶盒、DV、音响设备、碟片等产品的收纳、摆放、展示功能于一身。

❶ 电视柜集展示与收纳功能于一体

❷ 单人座椅既实用，又丰富了空间层次

❸ 边几的大小视空间大小而定

座椅摆放应以提供生活便利为前提

单人座椅既美观实用，又不会占用过多空间，因此在客厅中的出现频率也较高。摆放时最好以提供生活便利为前提，尽量放在手能够到茶几或边桌的距离内。传统的摆法是在沙发的两侧都多放一张单人座椅，令整个空间看起来更整齐。另外，如果平时家里的来客较多，则可以摆放若干体量不大的圆凳，既不会造成视觉的杂乱，也不会有拥挤感，还能让空间多些柔和的线条。

混搭单人座椅可以表现个人品位

单人座椅可以是任何材质，不必和沙发一样。最常用的形式为一字形沙发配两张单人椅，最好两张单椅也不要一样，既可以展示出居住者与众不同的品位，还能有效装点客厅彩度，令客厅不再死气沉沉。

❶ 两张单人座椅与一字形沙发平行放置，稳定空间格局

边桌的摆放取决于空间的大小

边桌的主要作用是填补空间，常用在沙发旁的空隙。它的摆设与否取决于空间的大小。另外，边桌的桌面不应低于最近沙发或椅子扶手5厘米以上，这种小边桌是能为客厅增添魅力的家具，有需要就能马上移动位置来使用。

边桌可以多样化做选择

选择边桌时，应以带有设计感、与桌椅搭配和谐、不突兀为主。例如，可以利用木箱来充当边桌使用，不仅令收纳空间增加，也丰富了空间的表情。同时，在边桌上可以摆放台灯、相框等小装饰，增加空间气氛，用途十分广泛。

❶ 边几采用柜体增加收纳，并不低于沙发5厘米

❷ 圆形边几与欧风沙发的扶手在形态上较为和谐

电视柜应与沙发共同形成客厅的核心区域

客厅中的电视柜并不是一个单一的物体，它可以与沙发组合成客厅的核心区域。落地式电视柜在摆放时不宜过高，应以不高于沙发为准。若是电视柜本身偏高，则可以在沙发背后的墙面上悬挂一幅较大的装饰画，装饰画悬挂的位置高于电视柜高度即可。另外，电视柜不宜过宽，通常情况下，沙发一定要比电视柜宽一些，这样才会形成令人舒适的空间比例。

Tips:

电视柜上的装饰物不要摆太满

在现代家居生活中，电视柜更侧重于装饰功能，很多居住者喜欢在电视柜上摆放各种各样的装饰物。但即便如此，也要掌握一个度，摆放过满，容易令家居环境显得杂乱。电视柜上除了摆放必要的电子设备之外，只需点缀一两个，或一组装饰物即可。

❶ 悬吊式电视柜节省空间，且小于沙发长度，形成视觉平衡

装饰达人支招

不同电视柜的使用方法

木材电视柜：可比较方便地跟客厅中的家具进行配色，搭配起来整体视觉效果不错。

石材电视柜：适合摆放大型投影式电视机，此种电视柜最好为现场制作。

地柜式电视柜：配合客厅中的视听背景墙，既可以安置多种多样的视听器材，还可将居住者的收藏品展示出来，让视听区达到整齐、统一的装饰效果。

组合式电视柜：按照客厅的大小，可以选择一个高柜配一矮几，或者一个高几配几个矮几，这种高低错落的视听柜组合，因其可分可合、造型富于变化。

▲ 高低组合的电视柜，为客厅带来了更多的收纳空间，也令空间的视觉层次更加丰富

▲地柜式电视柜简洁大方，中空的设计符合现代家居追求通透的理念；运用相框等装饰装点柜面，彰显出居住者的品位

不动工布置要点

客厅照明

多元化灯具创造出
个性客厅

客厅照明可以分为 3 种模式，即基础照明、重点照明和装饰照明。

基础照明是为房间提供整体均匀的照明，可以减少房间黑暗角落。常用灯具为吊灯、吸顶灯和筒灯。

重点照明是对某些需要突出的区域和对象进行重点投光，起到醒目或满足工作照明照度的作用。常用灯具有壁灯、台灯、落地灯、灯带等。

装饰照明则可以增强空间的变化和层次感，制造某种环境气氛。灯具发出的光线本身也可以起到装饰效果。常见光源有灯带、壁灯等。

❶ 落地灯为居室的重点照明
❷ 创意吊灯为居室的基础照明

❶ 吊顶部分做了点光源设计，边几旁边摆放落地灯，丰富了空间光源的多样选择

客厅照明可以用轨道灯或聚光灯

聚光灯和轨道灯属于直接照明，可以作为客厅的主要光源。有时换个方向打光透射，可以令空间看起来更加柔和、有层次，并且兼具放大空间的效果。

客厅的照明可根据家具来区分不同形式

有些家庭会在电视墙一侧安装射灯，看电视时只打开电视墙一侧的灯具，这样会影响视听感受，也不利于眼睛健康；应在座位两侧都设计壁灯、台灯或落地灯，看电视时的亮度最好调至50%。另外，可以在茶几上方设置主要照明，用来点出客厅的中心，边几位置可以放置台灯，而单椅上方则利用聚光灯方便阅读。只要相互搭配得宜，就能成功地营造出空间的温馨氛围。

装饰达人支招

阴暗客厅的照明方法

首先，要补充入口光源，光源能在立体空间里塑造耐人寻味的层次感；然后，适当地增加一些辅助光源，尤其是日光灯类的光源，映射在顶面和墙上，能收到奇效；另外，还可用射灯装点装饰画，也可起到较好的效果。

▲ 客厅中没有自然光源，因此依靠筒灯作为客厅的点光源，并结合镜面马赛克，共同提亮空间明度

▲ 层高较高的客厅中，在电视背景墙处额外配置了射灯作为装饰照明，既起到照明作用，又与空间整体照明形成呼应

> **Tips: 电视背景墙进行灯光设计的方法**
>
> 电视背景墙的灯光布置多以主要饰面的局部照明来处理，还应与该区域的顶面灯光协调考虑，灯壳尤其是灯泡都应尽量隐蔽为妥。背景墙的灯光不像餐厅经常需要明亮的光照，对照度要求不高，且灯线应避免直射电视、音箱和人的脸部。收看电视时，有柔和的反射光作为基本的照明即可。

不动工布置要点

客厅布艺

客厅中柔化表情的好帮手

客厅中的常用布艺织物，主要包括窗帘和地毯。客厅窗帘在选择时，应注意层次与装饰性，还要考虑与居住者身份的协调。总体来说，需要得体、大方、明亮、简洁。此外，客厅窗帘的选购，要根据不同的装饰风格，选择相应的窗帘款式、颜色和花型。

客厅是走动最频繁的地方，因此选择地毯时除了美观度之外，最好考虑耐磨、耐脏等性能。图案上适合花型较大、线条流畅的地毯图案，能营造开阔的视觉效果。

除了窗帘和地毯之外，沙发抱枕也是不可缺少的布艺装饰，几个小巧的抱枕搭配相宜的沙发，就能轻松点睛家居氛围。

❶ 抱枕与沙发形成色彩对比，活泼灵动
❷ 色块拼接的艺术地毯，提升空间情调
❸ 大面积白色窗帘，与洁净空间相协调

客厅窗帘选择需考虑的要点

①应根据整体空间来选择

窗帘要与整体房间、家具、地板颜色相和谐，一般窗帘的色彩要深于墙面，如淡黄色的墙面，可选用黄或浅棕色的窗帘。

②应选择合适的质地

一般而言，薄型织物的薄棉布、尼龙绸、薄罗纱、网眼布等制作的窗帘，非常适合客厅。不仅能透过一定程度的自然光线，同时又可以令白天的室内有一种隐秘感和安全感。也可以根据家居风格来选择。例如，想营造自然、清爽的家居环境，可选择轻柔的布质类面料；想营造雍容、华丽的居家氛围，可选用柔滑的丝质面料。

③根据图案反映居室风格

碎花图案可以营造出自然田园氛围；色彩明快的几何图形可以带给居室现代感；精致细腻的传统图案给人以古典、华美之感。

④可根据季节来更换

窗帘的花色可以与自然大环境相协调，比如，夏季宜选用冷色调的窗帘，冬季宜选用暖色调的窗帘，春秋两季则可以用中性色调的窗帘。

❶ 轻薄材质的卷帘不影响居室的采光

❶ 窗帘的色彩与整体家居环境相协调

❷ 罗马帘配轻薄的纱帘，十分适合欧式风格的客厅

❶ 地毯的形状与色彩均与家居环境相协调

地毯铺设应与茶几摆放位置相结合

在地毯上摆放的家具一般为茶几。铺好地毯后，可以依长度测量中间点，那里就是茶几的摆放位置。另外需要注意的是，地毯价格应占所处位置家具价格的 1/3 左右。

地毯色彩应结合空间来考虑

客厅中不宜大面积铺装地毯，可选择块状地毯，拼块铺设。地毯的色彩与客厅环境之间不宜反差太大；而地毯的花形要按家具的款式来配套。一般来说，地毯的色彩尽量避免过浅或过深，浅色地毯难以掩盖脏污；而深色地毯又容易凸显掉落在地毯上的线头和棉絮。

装饰达人支招

客厅地毯的选择方式

根据客厅面积选择地毯：

小客厅：地毯不适合太大，面积比茶几稍大即可，这样空间氛围会显得比较精致。

大客厅：地毯可以放在沙发和茶几下，使空间更加整体大气。客厅在 20 平方米以上，地毯不宜小于 1.7 米 ×2.4 米。

根据客厅家具选择地毯：方形长毛地毯适合低矮茶几，令客厅显得富有生气；不规则形状的地毯比较适合放在单张椅子下面，能突出椅子本身，特别是当单张椅子与沙发风格不同时，也不会显得突兀。

▲ 客厅的面积较大，将大面积的深灰色地毯铺在沙发与茶几下面，令空间显得更加大气与稳重

▲ 客厅的面积不大，田园风格的装饰令家居环境更显内容丰富。因此在地毯的运用上，采用了面积不大的纯色地毯，避免增添居室的杂乱感。

❶ 层叠的抱枕摆放形式，丰富了客厅空间的层次感

❷ 橙黄色系搭配米色系的抱枕，产生强烈对比

抱枕的数量不宜过多

在沙发上摆放适合的抱枕，可以令客厅的格调再上层楼。需要注意的是，抱枕的数量并非越多越好，只摆放少数方枕即可。摆放上可以尝试层叠的形式，以增加居室的层次感；同时也可以令人在躺卧时更加舒服。

抱枕最好选择同一色系

抱枕的色彩搭配，安全又简单的方案为选择同一色系，并最好不偏离该色系。可以选择两、三种不同图案或不同面料的抱枕，这样的搭配可以营造出带有冲击力的视觉感受。如果想要多一些色彩，但又不想让整个空间太过杂乱，则可以考虑邻近色或相似色。比如，大红色 + 枫叶红色或绿色 + 芥末黄色，这些颜色极其相似又略有差别，看起来会让沙发区显得宁静而优雅。此外，选择在视觉上有关系的对比色，也是一个不错的选择。比如，用玫红色或者粉红色抱枕，搭配带有棕色树形图案的米色抱枕；又或者用蓝色抱枕搭配白色带有贝壳图案的抱枕等。

装饰达人支招

客厅抱枕的选择方式

根据家居主色彩选择抱枕：

*客厅色彩丰富：*选择抱枕时最好采用风格比较统一、简洁明了的颜色和风格。这样不会使室内环境显得杂乱。

*客厅色调单一：*沙发抱枕可以选用一些撞击性强的对比色，这样能活跃氛围，丰富空间的视觉层次。

根据居住者个性选择抱枕图案：抱枕图案可以说是居住者个性的一个展示，但表达要注意恰当。如果居住者个性安静、斯文，可以用纯色或简洁图案的抱枕；如果居住者个性张扬、特立独行，则可以选择具有夸张图案、异国风情的刺绣或者拼贴图案的抱枕；如果居住者钟情文艺范儿，可以寻找一些灵感来自于艺术绘画的抱枕图案；而给儿童准备的抱枕，卡通动漫图案自然是最好的选择。

▲ 客厅的色调单一，因此用蓝色的抱枕来装点沙发，既提亮了空间的色彩度，纯净的蓝色又不会显得突兀

▲ 田园风格的客厅在色彩上较为丰富，因此运用碎花图案的抱枕来装点沙发，既符合风格特征，又不会显得过于杂乱

不动工布置要点

装饰画、工艺品、花卉绿植

客厅角落里的舞台

　　家的温馨之处在于细节的呈现，在客厅中搁置灵动且富有情调的装饰物，不仅能彰显出居住者的个性品位，同时也成为盛装记忆的容器，任岁月流逝而魅力常在。

　　一组体现情调的装饰画、一套造型独特的茶具、一个妙趣横生的鱼缸、一盆鲜艳欲滴的绿植，无论放在家中哪一个角落，都能搭建出一方充满情调的舞台，随处移，随处演。

❶ 可爱的布绒玩具为空间增添趣味

❷ 并列悬挂的小幅装饰画丰富了墙面内容

❸ 角落里的绿植为空间注入活力

❶ 大幅装饰画令素白墙面变得不再单调

客厅装饰画的尺寸要与空间相协调

①根据客厅高度选择

客厅装饰画的高度以 50 ～ 80 厘米为佳，长度不宜小于主体家具的 2/3；比较小的空间，可以选择高度 25 厘米左右的装饰画；如果空间高度在 3 米以上，最好选择尺寸较大的画，以凸显效果。

②根据客厅面积选择

稍大的客厅单幅画的尺寸以 60 厘米 ×80 厘米左右为宜。通常以站立时人的视点平行线略低一些作为画框底部的基准，沙发后面的画则要挂得更低一些。面积小的客厅不妨试试中型挂画，这样会显得比较大方；如果画过多或画框太小、太多，容易给人散乱的感觉。

③根据墙面形状选择

一般来说，狭长的墙面适合挂放狭长、多幅组合或者尺寸较小的画；方形墙面适合挂放横幅、方形或者尺寸较小的画。

客厅工艺品的摆放以少而精为佳

客厅配置工艺品要遵循少而精的原则，符合构图章法，注意视觉效果，并与客厅总体格调相统一，突出客厅空间的主题意境。另外，还可以在客厅多放一些收纳盒，使客厅具有强大的收藏功能，不会看到杂乱的东西摆在较为显眼的地方。如果收纳盒的外表不够统一，不够美观，可以选择漂亮的包装纸贴在收纳盒的表面，这样就实现了实用性与美观并存。

❶ 玻璃装饰品数量不多，但色彩十分亮眼

❷ 活泼的中式风格工艺品，成为空间中的点睛设计

❶ 沙发旁的凤尾竹在形态上延展了空间层高

❷ 玫红色的蝴蝶兰提亮了空间色彩

客厅绿植选择应体现吉祥的寓意

客厅是全家人常坐的地方，也是亲朋好友聚会的地方，可以选择摆放一些果实类的植物或招财类植物，如富贵竹、发财树、君子兰等，代表着家中硕果累累和财运滚滚，给客厅带来热烈的气息，还可以给全家增加吉祥好运。

植物高低和大小要与客厅的大小成正比，位置让人一进客厅就能看到，不可隐藏，对出现脱落、发蔫、腐烂等情况的植物，应及时更换。

客厅花材以红色系为佳

客厅花材不要选择太复杂的材料，花材持久性要高，不要太脆弱。可选花材有红色香石竹、红色月季、牡丹、红梅、红色非洲菊、百合、郁金香、玫瑰等。色彩以红色、酒红色、香槟色等为佳，尽可能用单一色系，味道以淡香或无香为佳。客厅的茶几、边桌、电视柜等地方都可以用花艺做装饰。需要注意的是，客厅茶几上的花艺不宜太高。

装饰达人支招

阴暗客厅适合摆放的植物

客厅光线不好，应尽量培养一些对光线要求不高的花卉，如蕨类植物、虎耳草、绿萝、凤梨等，不能布置一些对光照的要求高的花卉植物，如需布置，则应定期搬至光照适合处培养一段时间后再布置于室内。

▲ 客厅中的采光度不高，因此摆放了常年碧绿、极为耐阴的龟背竹，令居室一年四季常绿常新

现代风格

软装主张"功能第一"，废弃多余繁琐的附加装饰

注重空间布局与使用功能的完美结合

现代风格追求时尚与潮流，非常注重居室空间的布局与使用功能的完美结合。现代风客厅的线条简约、流畅，主张废弃多余繁琐的附加装饰，力求通过各式元素的设计整合，将设计的思路延展。

利用家具的排列组合及线条的连接来体现流动美

在现代风格的客厅中，可以通过家具的排列组合以及线条的连接来体现流动美。其中，直线条流动较慢，可以将家具排列得尽量整齐一致，形成直线变化，营造典雅、沉稳的现代简约风格的客厅；曲线线条流动较快，给人以活跃感，可以将家具搭配得变化多一些，形成明显的起伏变化，营造活泼、热烈的现代时尚风格的客厅。

装饰品选择的空间较为广泛

在现代风客厅中，选择若干符合空间品位和特性的装饰品来提升空间格调，是一种省时省力的讨巧方式。另外，因为其开放性的特性，只要是符合居住者心意的物品，且能在某种程度上体现出现代风格，几乎均可作为装饰品放置在合理的位置，生动地点缀着居家生活。

中式风格

家具及饰品讲求平衡对称，并体现传统美学特征

空间布局及饰品摆放皆遵循均衡对称原则

中式风格的客厅设计严格遵循均衡对称原则，家具的选用与摆放是其中最主要的内容。传统家具多选用名贵硬木精制而成，一般分为明式家具和清式家具两大类。明式家具做工精良、造型简约，是传统家具中的极品；清式家具装饰华丽、饰刻精美，能充分体现高贵气质。而像陶瓷、灯具等饰品，一般成双使用并对称放置。

擅用隔扇、屏风分隔出空间层次

中国风格的居室非常讲究空间的层次，擅用隔扇、屏风来分割空间。中式屏风多用木雕或金漆彩绘；隔扇固定在地上，用实木做出结实的框栏以固定支架，中间用棍子、雕花做成古朴的图案。如果客厅比较开阔，可以做成一个"月亮门"式的落地罩隔扇，再配以精雕细刻的嵌花，将会成为居室中引人注目的景点。

风 格

轻布置

提 案

欧式风格

软装饰品体现多元化特征，并将空间装饰得华贵

雍容华贵的装饰效果是欧式客厅追求的宗旨

作为整个家居中最重要的一个空间，华丽的欧式风格客厅装饰不仅高端大气上档次，还可以营造出惬意和浪漫的生活。具有艺术气息的挂画、华丽的水晶吊灯、古典的布艺沙发等是打造欧式贵气魅力客厅必不可少的装饰元素。需要注意的是，贵气逼人的欧式客厅装饰风格，需要空间和面积比较大的客厅，才能达到完美的装饰效果。

采购装饰品应多元化，但要避免浪费

面对欧式风格客厅中多样的装饰，很多居住者将繁复多元的历史传承与多余的浪费混为一谈。布置适宜是点缀及装饰，摆放不恰当便是累赘。因此，在采购装饰品时，居住者应该先弄清楚两者的差异，才能将投入饰品的预算，当成是装修设计中的必要支出。

风格

轻布置

提案

田园风格

体现自然感的装饰，是客厅中最受欢迎的点睛设计

"木质元素"在客厅中被大量运用

回归自然是田园风格的最大特色，因此在家居中会大量运用的"木质元素"，令整个家居环境都散发出木材的香气。在客厅家具的摆设上，最常见的方式为设置一个木质茶几，再搭配上布艺沙发。这样的布置既简洁，又能营造出简约、高雅、健康的木质生活。

客厅配饰讲求回归自然

欧式田园风格的客厅在设计上讲求心灵的自然回归感，给人一种扑面而来的浓郁气息。把一些精细的后期配饰融入设计风格之中，充分体现居住者追求的一种安逸、舒适的生活氛围。客厅里可以大量使用碎花图案的各种布艺和挂饰，配上欧式家具华丽的轮廓与精美的吊灯，更能使欧式田园风格客厅显得相得益彰。墙壁上也可以用壁画进行装饰。当然，鲜花和绿色植物也是很好的点缀。

家居美食空间——餐厅

餐厅装饰**讲究美观**，同时也要**实用**，最重要的是适合餐厅的氛围。

不动工布置要点

学会摆放餐厅家具

独立式餐厅中家具的
摆放要点

独立式餐厅中的餐桌、椅、柜的摆放与布置须与餐厅的空间相结合，还要为家庭成员的活动留出合理的空间。如方形和圆形餐厅，可选用圆形或方形餐桌，居中放置；狭长餐厅可在靠墙或窗一边放一长餐桌，桌子另一侧摆上椅子，这样空间会显得大一些。

开放式餐厅中家具的
摆放要点

开放式餐厅大多与客厅相连，在家具选择上应主要体现实用功能，要做到数量少，但有着完备的功能。另外，开放式餐厅的家具风格一定要与客厅家具的格调相一致，才不会产生凌乱感。在布置方面可以根据空间来选择居中摆放或是靠墙摆放两种形式。

Tips:

利用家具避免餐桌与大
门成一条直线的方法

若餐桌与大门成一条直线，站在门外便可以看见一家大小在吃饭，那绝非所宜。化解之法，最好是把餐桌移开。但如果确无可移之处，那便应该放置屏风或板墙作为遮挡，这既可免除大门直冲餐桌，而且一家围炉共食也不会因被人干扰而感到不适。

设计专栏

令餐厅空间的家具摆放更舒适的方法

◀ Points 1

餐厅视听墙与餐桌椅的距离要恰当

虽然餐厅的主要功能为用餐，但在如今的装修中，为餐厅增加视听墙的设计手法越来越多，令居住者不仅可以享受美食，也为用餐时间增添了乐趣。需要注意的是，视听墙与餐桌椅要留有一定距离，以保证观看的舒适度。如果无法保证像客厅一样达到2米以上，至少也要保证超过1米。

◀ Points 2

餐厨一体化带来便捷的生活方式

将餐厨做一体化设计，既节约了家中空间，也令饭前上菜与饭后收拾碗筷都十分轻松，为居住者提供了不少便捷。设计时，可以将厨房完全开放，并与餐厅餐桌椅相贯通，之间没有严格意义上的隔断和界限，形成的"互动性"达成了便捷的生活方式。

◀ Points 3

为进餐时的临时拿取提供便捷

如果餐厅的面积够大，可以沿墙设置一个餐边柜，既可以帮助收纳，也方便用餐时餐盘的临时拿取。需要注意的是，餐边柜与餐桌椅之间要预留 80 厘米以上的距离，不影响餐厅功能的同时，令动线更方便。

◀ Points 4

充分利用隐性空间完成餐厅收纳

如果餐厅的面积有限，没有多余空间摆放餐边柜，则可以考虑利用墙体来打造收纳柜，不仅充分利用了家中的隐性空间，同样可以帮助完成锅碗盆盏等物品的收纳。需要注意的是，制作墙体收纳柜时，一定要听从专业人士的建议，不要随意拆改承重墙。

◀ Points 5

餐桌旁的洗手台呈现出不流于传统的居家态度

在餐厅中餐桌的一角安置一个洗手台，用餐之前可以直接在此洗手，而不用特意到厨房或卫浴中洗手，节省了来回走动的时间，也令空间设计看起来匠心独运，呈现出不流于传统的居家态度。

不动工布置要点

餐桌、餐椅

餐厅中主要家具，占餐厅比例的三分之一左右

餐桌椅占餐厅面积的百分比主要取决于整个餐厅面积的大小。一般来说，餐桌大小不要超过整个餐厅的 1/3。

选择餐桌时，除了考虑居室面积，还要考虑几人使用、是否还有其他机能，在决定适当的尺寸之后，再决定样式和材质。一般来说，方桌要比圆桌实用；木桌虽优雅，但容易刮伤，需要使用隔热垫；玻璃桌需要注意是否为强化玻璃，厚度最好是2 厘米以上。

餐椅除了购买和餐桌成套的之外，也可以考虑单独购买。但需要注意，不能只为了追求个性，要结合家居风格来考虑。

❶ 餐桌的大小结合整体空间选择，四周均留有行动动线

❶ 椅子后面留有活动空间
❷ 餐桌与座椅之间有高度差

餐桌椅的摆放应做到动线合理

餐桌椅摆放时应保证桌椅组合的周围留出超过 1 米的宽度，以免当人坐下来，椅子后方无法让人通过，影响到出入或上菜的动线。另外，餐椅应该使用餐者坐得舒服、好移动，一般餐椅的高度约在 38 厘米左右，坐下来时要注意脚是否能平放在地上；餐桌的高度最好高于椅子 30 厘米，使用者才不会有太大的压迫感。

餐椅靠背不宜过高

餐椅有无靠背，以及靠背的高度，会影响空间视觉的宽敞感。靠背太高，会阻挡视线的穿透，间接压迫整个空间感；靠背过低，则不符合人体工学，不利于身体的健康。因此选择时，一定要坐下体验舒适度是否适宜。

● 座椅的设计符合人体工学，角度舒适

不动工布置要点

餐厅照明

和暖的黄色灯光令食物显得更美味

餐桌椅组成餐厅风格的雏形，而餐厅照明设备则能增添整个空间的光彩。餐厅照明讲求的是气氛，好的灯具就是要营造好气氛。

在餐厅的照明中，灯光的色彩也很重要。一般来说，和暖的黄色灯光最为适合餐厅，因为大多数菜品是暖色系，暖色的菜品在暖色光照下不会偏离本色。低色温的白炽灯泡、奶白灯泡或磨砂灯泡发出的漫射光，不刺眼，带有自然光感，比较亲切、柔和，比较适合餐厅；而日光灯色温高，人脸在光照之下显得苍白，其他事物的色彩也都会改变，因此不太适用于餐厅。

❶ 富有艺术感的灯具，同时拥有温暖的光源

117

❶ 不止一种形式的照明，令餐厅光源更加丰富

❷ 鸟笼形状的艺术灯具与整体中式风情相协调

餐厅照明以局部照明为主

餐厅的照明方式以局部照明为主，灯光当然不止餐桌上方这一处，还要有相关的辅助灯光，起到烘托就餐环境的作用。餐厅照明也可以采用混合光源，即低色温灯和高色温灯结合起来使用，混合照明的效果相当接近日光。白色的光最容易控制和把握，但是白光是最单纯的，因此很难出效果。不妨采用暖色光照。

餐厅灯具要和餐桌椅做搭配

灯具和餐桌要考虑一定的协调性，风格不要差别过大。例如，用了仿旧木桌呈现古朴的乡村风，就不要选择华丽的水晶灯搭配；或者用了现代感极强的玻璃餐桌，就不要选择中式风格的仿古灯。

吊灯是餐厅中最常用的灯具

餐厅的灯具布置大多采用吊灯，因为光源由上向下打，集中在餐桌上，会使用餐者将焦点投注在餐桌摆放的食物上。在选择吊灯时，要注意灯具距离地面的高度最好为 160 厘米，这样的空间比例为最佳。在安装吊灯时，吊灯一定要对准餐桌的中心位置。

用壁灯增强空间的情调

餐厅除了吊灯之外，通常还会在墙面上装设壁灯。壁灯的好处是在不点亮时，灯罩的色彩与造型就很具有装饰性；而当其点亮时，则能打亮墙面，起到放大空间、增加气氛的作用。如果安装壁灯，餐桌摆放的位置就不会受到任何限制。

❶ 极具艺术造型的吊灯与居室气质相吻合

❷ 壁灯与吊灯在造型与光源上均形成呼应

不动工布置要点

餐厅布艺

多元化的餐厅布艺令空间更显温暖舒适

　　餐厅中的布艺织物呈多元化特征，不仅包括窗帘，还拥有诸如餐桌布、椅套等独具空间特色的布艺。而像地毯这种在客厅中经常出现的布艺，却并不适用于餐厅。

　　想要营造温暖舒适的就餐环境，可以用布艺来轻松实现。餐厅多样使用布艺装饰，能够增加餐厅环境的暖意。比如，将硬朗的餐厅隔断改成柔软的布帘；使用布艺的窗帘、帷幔；或是在餐厅中使用布艺材料做成的装饰画。这些都可以使餐厅环境变得更加温馨。

❶ 餐桌布、布艺餐椅、窗帘等令餐厅布艺呈现出多样化特征

餐厅窗帘的选择方式

窗帘的宽度尺寸，一般以两侧比窗户各宽出 10 厘米左右为宜。底部应视窗帘式样而定，短式窗帘也应长于窗台底线 20 厘米左右为宜；落地窗帘一般应距地面 2 ~ 3 厘米。在样式方面，一般小餐厅的窗帘应以比较简洁的样式为好，以免使空间因为窗帘的繁杂而显得更为窄小。而对于大餐厅，则宜采用比较大方、气派、精致的样式。

餐厅其他布艺装饰的选择方式

在餐厅中最常见的布艺无疑是桌布与椅套，选择时要注意与整体大环境相协调。例如，田园风格的餐厅，桌布、椅套的图案应以碎花、格子为主；现代风格的餐厅，桌布、椅套则可以用纯色。整体来说，餐厅桌布、椅套在色彩上应以暖色调为主，图案上不要过于繁琐，避免喧宾夺主。

❶ 收拉方便的卷帘十分适合小面积的开放式餐厅

❷ 格子图案的餐桌布与椅套十分适合田园风格的居室

装饰达人支招

运用餐厅布艺提升空间灵性的方法

餐垫与餐具相结合：要改变一间餐厅的视觉感受，首先要做的是改换餐垫的颜色，然后搭配上色彩协调的餐具。在选择餐具时，可以让它们相互之间有一些色差，这样视觉上会更活泼些。

餐桌布的灵活运用：像厨房的台面一样，餐桌布的选择可以点出整个空间的灵性，使就餐气氛活跃起来。一块纯棉的素色桌布可以体现出居住者的精细，而一块花纹质朴的桌布会唤起整个餐厅的田园气息。

▲ 绿色餐垫与编织餐垫相结合，与餐厅的田园气质十分相符；白色的茶具摆放其上，显得干净、整洁

▶ 彩色条纹的餐桌布，丰富了餐厅的色彩，也令用餐空间充满暖度

不动工布置要点

装饰画、工艺品、花卉绿植

将生活用品当成装饰物来运用，一举两得

　　餐厅中的装饰品范围很广，即使是吃饭用的碗筷、装调料用的瓶瓶罐罐，都可以算得上是家居工艺饰品。餐厅的设计也常常将工艺品融入到整个餐厅的环境中去。如将银质烛台、汤勺等设计精美的物件摆放在餐桌上，或者展示柜中，不仅具有实用功能，也作为陈列展示之用，充分发挥其装饰功能。

　　在餐桌上摆放绿植花艺，也是餐厅中十分常见的装饰手法，既美化环境，也令就餐时的心情更加舒畅。

❶ 赫本图案的茶具既有实用功能，又兼具装饰性

装饰画用色及主题要与空间相呼应

餐厅装饰画的色调要柔和清新，画面要干净整洁，笔触要细腻逼真；题材上以水果、写实风景较为适合，当然也可以根据自身喜好加以选择。例如，在墙面上悬挂一幅自己心仪的画作，或者是由家人照片组合而成的照片墙，这样可以在与宾客一起用餐时提供相应的话题。特别指出的是，在餐厅与客厅一体相通时，最好能与客厅配画连贯协调。

装饰画的悬挂要与空间尺寸相协调

餐厅装饰画的尺寸控制在 50 厘米 ×60 厘米左右比较适合；如果是单一的大幅装饰画，画框与家具的最佳距离为 8～16 厘米。另外，餐厅装饰画不宜挂得太高；两幅以上的装饰画平行悬挂时，不宜挂得过开。

Tips:

餐厅墙面装饰要美观与实用并举

营造餐厅墙面的气氛既要遵从美观的原则，也要符合实用原则，不可盲目堆砌。例如，在墙壁上可挂一些画作、瓷盘、壁挂等装饰品，也可根据餐厅的具体情况灵活安排，以点缀环境。但要注意的是切不可喧宾夺主，造成杂乱无章的结果。

❶ 用多幅装饰画装点餐厅背景墙，活跃空间表情

❷ 开放式客餐厅面积较小，适合单一大幅装饰画

Tips:

不同场合餐厅 适合的花卉

正式宴会常选用的品种有玫瑰、百合、兰花、红掌、郁金香等。早餐桌常选用的品种有茉莉花、玫瑰花、太阳花等。

❶ 色彩斑斓的装饰品给人眼前一亮的视觉冲击力

餐厅中的工艺品要与居室环境吻合且适量

工艺品在餐厅中的陈设要适量，要与室内整体氛围"情投意合"。不论是瓷器还是其他工艺品，都不要过多，要少而精，起到画龙点睛的作用即可。

餐具是餐厅中最有效的装饰品

餐厅中最简单有效的工艺品，即为杯盘碗盏，放置在餐桌上既有实用功能，又有装饰功能。精美的餐具能够让人感到赏心悦目，增进食欲，讲究的餐具搭配更能够从细节上体现居住者的高雅品位。或素雅、或高贵、或简洁或繁复的不同颜色及图案的餐具搭配，能够体现出不同的饮食意境。餐具可分为中餐餐具和西餐餐具。

餐厅花艺可根据宴请聚会做调整

对比客厅而言，餐厅花艺设计的华丽感更重，凝聚力更强。轻松的宴会，可将单朵或多朵的花插在同样的花瓶中，多组延伸，根据人数多少，对花瓶有弹性地增减。正式的宴会，可在餐盘上放一朵胸花，作为给客人的礼物，花的底部可以衬锡箔纸。餐桌上可以洒一些花瓣、玻璃珠，点缀气氛。

餐厅植物应以清洁、无异味的品种为主

餐厅环境首先应考虑清洁卫生，植物也应以清洁、无异味的品种为主，适合摆些植物与餐桌环境相协调，吃饭时会别具情趣。餐桌的花器要选用能将花材包裹的器皿，以防花瓣掉落，影响到用餐的卫生。另外，餐桌上的花艺高度不宜过高，不要超过对坐人的视线，圆形的餐桌可以放在正中央，长方形的餐桌可以水平方向摆放。

备注：餐厅植物可选取黄玫瑰、黄康乃馨、黄素馨等橘黄色花卉，因为橘黄色可增加食欲，促进身体健康。

❶ 黄色系的鲜花与整体大环境形成暖色调的呼应

风 格
轻布置
提 案

现代风格

家具及饰品既要体现现代感，又要结合空间做设计

餐厅家具要既节约空间又凸显个性

餐厅的整体效果随所在空间的变化而变化。因此，餐桌椅等家具的布置要以充分利用空间为前提。现代餐厅的家具一般以现代简约风格为主，外形简洁、流畅，不但可以节约使用空间，而且能够凸显个性。材质上可以选择晶莹剔透的玻璃餐桌，令家居空间充满精致的现代情调。

纯装饰性背景墙形成视觉冲击力

纯装饰性的餐厅背景墙是近年来的潮流，因其具有突出居室亮点的作用。在现代风格的餐厅中，可以利用花色美观的壁纸、色彩靓丽的乳胶漆，或者独具特征的装饰板材做基底，再悬挂现代抽象装饰画或个性的墙面饰品，来打造一面极具视觉观赏效果的餐厅主题背景墙。

中式风格

中式传统文化元素在家具和饰品上应用广泛，令空间端庄、稳健

家具布局应遵循对称性与稳健性

中式餐厅总体布局遵循对称均衡、端正稳健的特点，细节上崇尚自然情趣。其视觉重心是位于中央成套的中式餐桌椅，经典方案是六把或八把无扶手的灯挂椅配一张八仙桌或大圆桌。家具选料和色调应一致或趋同。黄花梨木和红酸枝木是制作餐桌椅常用的名贵木种。

体现中国传统文化的饰品较受欢迎

餐厅的墙面设计应以摆放用品或饰品的柜架为主，刻意的装饰也应与之相配合。用餐空间装饰用色应以轻快明朗为主，过于凝重端庄会影响人的心情和胃口。餐厅饰品一般多选用陶瓷制品。从石器时代就开始烧制的陶器基本上是用来盛放或烧制食物的，因此若能在饰品柜或木格上放一些青铜爵、双耳陶罐等饰物，无疑是提升空间品位的好方法。

风 格

轻布置

提 案

欧式风格

餐桌椅及装饰品多以繁复的雕刻手法加以装饰，体现出奢华味道

利用家具完成空间中的多功能设计

欧式风格的居室面积通常较为宽敞，因此在设计餐厅时，不仅可以赋予其传统的用餐功能，也可以将其打造成一个兼具休闲功能的美食空间。例如，可以将欧式餐厅与视听室结合起来设计，或是作为棋牌室。也可以将一面墙设计成酒柜，将自己心爱的酒品收藏在这里。

华美雕花餐桌椅演绎欧式餐厅的浪漫风情

欧式餐厅讲求华美、贵气，因此带有华美雕花的餐桌椅是其主要家具。欧式雕花餐桌椅往往款式设计大胆新颖，雕花设计精美绝伦，整体样式具有繁多的装饰和华美浑厚的效果，演绎出尊贵浪漫的气息，同时构成餐厅庄重豪华的气氛。

精美绝伦的软装设计在餐厅中运用广泛

在欧式的餐厅中，设计往往具有精美绝伦的效果。这不仅体现在顶面、墙面等硬装上，同时也体现在软装设计上。例如，欧式餐厅的桌面很少为干净的无装饰设计，而是在其上合理摆放众多的装饰品，其中以欧式烛台、欧风餐具、欧式花器居多。

风格
轻布置
提案

田园风格

餐厅装饰取材于自然，最终还原为自然风情

餐厅家具以追求自然基调为第一标准

田园风格的餐厅中，餐桌椅不以造型为取决标准，而是优先考虑机能。材料上，餐桌椅应尽量选择天然的木材、黑铁等材质，以吻合田园风格追求质朴、自然、温馨的基调。塑胶等人造材质，或是玻璃、大理石等冷调性的材质，都不适合出现在田园风格的餐厅中。

软装色彩丰富，且可以来源于自然

田园风格餐厅中的布艺及装饰物，在色彩上可以更加丰富多彩，不仅吻合其风格特征，也令就餐环境呈现出活力、自然的味道。藤艺、铁艺装饰物，用于田园风格的餐厅，可以将自然韵味渲染得恰到好处；而花卉绿植则是田园风格餐厅中最天然、怡人的装饰。

家居休憩空间——卧室

卧室是家居中的私密空间，其装饰摆放着重舒适性与温馨感。

不动工布置要点

学会摆放卧室家具

卧室要少用大型单体家具

卧室中要少用如传统大衣柜、单门柜等大型单体家具。这类家具占地面积大、空间利用率低，由于高度、体量与其他家具不协调，布置在卧室中，高低错落，显得零乱。最好采用现代组合型家具，缩小占地面积，充分利用上部空间。

卧室家具要以不拥挤为前提

凡是碰到天花的柜体，尽量放在与门同在的那堵墙或者站在门口往里看时看不到的地方；凡是在门口看得到的柜体，高度尽量不要超过 2.2 米。空间布置尽量留白，即家具之间需要留出足够的空墙壁。

Tips:

卧室家具可以根据不同区域来设置

①睡眠区
放置床、床头柜和照明设施的地方，这个区域的家具越少越好，可以减少压迫感，扩大空间感，延伸视觉。

②梳妆区
由梳妆台构成，周围不宜有太多的家具包围，要保证有良好的照明效果。

③休息区
放置沙发、茶几、音响等家具的地方，其中可以多放一些绿色植物，不要用太杂的颜色。

④阅读区
卧室面积较大的房型，可以放置书桌、书橱等家具，其位置应该在房间中最安静的角落，这样才能让人安心阅读。

设计专栏

令卧室空间的家具摆放更舒适的方法

◀ Points 1

一物两用，收纳柜变身书架

将空间打造成隔层式，并将卧室安置在隔层之上，有效地利用了空间；同时，直接将睡垫放置在地板上，而不用考虑潮湿的问题；床垫后面打造了一排收纳柜，同时可以作为书架来使用，既合理地规划了动线，也有效地利用了空间。

◀ Points 2

小沙发令空间角落的表情不单调

在卧室的一角摆放上一个舒适的单人沙发，既可以作为会客的场所，也可以作为平时休闲小坐的地方。这样的设计规避了空间角落显得空旷的问题，也将卧室的动线塑造得更加灵活，方便休闲，提升了卧室的安适感。

◀ Points 3

卧室中的大衣柜方便拿取衣物

在卧室中设置一个大衣柜，不仅方便收纳，而且也为平日的换衣提供了便捷。将季节性衣物合理地摆放在衣柜中，每天根据天气选择适合的衣物，而不用特意到换衣间拿取衣物，合理地规划了空间的动线。这样的设计也很适合面积有限的卧室。

◀ Points 4

功能性衣柜满足生活所需，又规避杂乱问题

卧室的一面墙完全用衣柜来占据，既可以悬挂衣物，又有充足的抽屉收纳一些零碎的物件，还将电视安置在其中。这样的衣柜收纳量十足，且功能区分得很详细，打开后所需要的物品一目了然，关上后又完全没有杂乱的问题。

◀ Points 5

卧室隔音材料的合理运用

卧室应选择吸声性、隔声性好的材料，例如，可以选用木地板，再在局部铺上地毯，既吸声，走起来也舒服，还十分环保。此外，卧室的窗户还可以镶嵌双层玻璃来阻隔室外的喧嚣，并利用窗帘和帷幔来进行装饰，创造出一个宁静的睡眠、休息空间。

不动工布置要点

卧室睡床

睡床是卧室中不容置疑的主角

睡床是卧室中毋庸置疑的主角，可选择的范围广泛，但基本原则是要与整体的空间风格相协调。其中，简约型的睡床可以搭配的风格多样。这种睡床可以不要床靠，不要底座，简约到极致，而且节省空间。

传统的有床靠的睡床如今也有了诸多创新，如活动可调的，高低错落的，都为卧室的视觉形象带来了新鲜感。另外，还可以选择空间较大的床头，可以摆放更多枕头，改变居住者的倚靠方式；更可以添加装饰品，以丰富卧室的视觉感受。

❶ 简洁的睡床令空间看起来整洁、利落

床头板要与卧室背景墙相呼应

床头板造型种类很多，美观中兼具安全性，可以成为整个卧室的视觉焦点。但是，床头板的选择要考虑到居室的整体风格，与卧室背景墙相协调，不要出现中式风格的床头板搭配欧式风格的背景墙，令居室氛围不伦不类。

床的最佳摆放技巧

挑选床时，床垫越大，床框就要越简洁。摆放的时候，若床尾一侧的墙面设有衣柜，那么床尾和衣柜之间要留有 90 厘米以上的过道；床头两侧只要有一边离侧墙有 60 厘米的宽度，便于从侧边上下床；床头旁边留出 50 厘米的宽度，可以摆放床头边桌，可随手摆放手机等小物品。

Tips:

床头板可根据实际需要做选择

①最好选择内有填充物的床头板，可避免头部不小心撞到墙面而受伤。

②女性喜爱的四柱床头板可以明确界定睡眠区域，修长的四柱还有令空间视觉向上延伸、放大的作用。但小面积的卧室最好选择轻巧的改良型四柱床，而不是稍显笨重的传统深色木质款。

③简约风格的卧室可以选择不带床头板的睡床，只需将枕头叠两层，就能造成床的完整印象。

❶ 睡床边有摆放收纳柜的空间

❷ 睡床与收纳柜间留有一定距离

装饰达人支招

根据床的摆放预留空间尺寸

斜放在角落里的床：如果把床斜放在角落里，要留出的空间为 360 厘米 ×360 厘米。这是适合于较大卧室的摆放方法。另外，还可以根据床头后面墙角空地的大小再摆放一个储物柜。

两张并排摆放的床：两张并排摆放的床之间的距离最好为 90 厘米。两张床之间除了能放下两个床头柜以外，还应该能让两个人自由走动。当然，床的外侧也不例外，这样才能方便地清洁地板和整理床上用品。

衣柜被放在与床相对的墙边：如果衣柜被放在了与床相对的墙边，那么两件家具之间的距离最好为 90 厘米。预留这个距离的原因是为了能够方便地打开柜门。

▲ 床尾与墙体收纳柜之间留有一定的距离，方便居住者的日常行走；而大面积的收纳柜也为卧室空间带来了素洁的家居容颜

▲ 两张并排摆放的儿童床中间留有一定的距离，方便了日常生活中孩童的行动

常见的睡床款式

床头板床

最传统的床型。床头板由多种材质可供选择，如木板、绒布＋木板等。床头板的面积最好超过120厘米×150厘米，这样才能撑住一般人靠躺的重量。

■ 基本款
□ 流行款

■ 基本款
□ 流行款

平台床

没有床头板、床柱和装饰的一款床型，床台较低。这类睡床比较简洁，适合简单装修的居室。如果卧室的空间不大，最好选择床头与床垫高度切齐的床台。

四柱床

四柱床较为常见的风格有中式和欧式两种，可以为居室带来典雅的氛围。建议床柱不要超过空间高度的2/3。而对于小面积的卧室来说，四柱床的柱体要细。

■ 基本款
□ 流行款

天篷床

适合吊顶较高的卧室，可以在上方边框处垂挂装饰帘。这种睡床既具有装饰性，同时也能保证居住者的睡眠环境更加安静。

■ 基本款
□ 流行款

■ 基本款
□ 流行款

雪橇床

顾名思义，就是整个床的形状像个雪橇，床头高，床尾低，是一种在欧洲很流行的经典款式，可以为家居环境带来美丽优雅的氛围。

现代风格造型床

通常为各品牌的设计款，一般多为现代风或工业风，外形较为前卫。有些款式为适应小面积的卧室，特别设计为无床头板的样式。

□ 基本款
■ 流行款

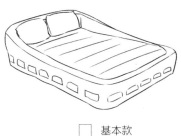

□ 基本款
■ 流行款

气垫床

气垫床是一种可以注入空气的床垫，以其低廉的价格和收纳方便的特点，受到欢迎。另外，在睡卧时能促进人体血液循环，令肌肉得到放松。缺点为易被尖物刺破，也不适合儿童使用。

卧室大衣柜

卧室中的收纳好帮手

对于没有衣帽间的家庭来说，卧室兼具了衣帽间的功能。因此，卧室中的大衣柜成为了最主要的衣物存放处。

大衣柜可以根据空间大小选择不同的款式。例如，小空间选择双开门的款式，大空间可以考虑三开门或四开门的款式等。同时，衣柜还具有不同的风格，可以根据家居风格进行搭配。

除了购买成品衣柜，也可以根据需求订制衣柜。如果卧室面积实在太小，则可以将衣柜嵌入墙体，既为卧室增加了收纳空间，也避免了过多占用空间导致的逼仄感。

❶ 整面墙的大衣柜将空间收纳能力最大化

衣柜推拉门的尺寸

①标准衣柜尺寸：通常衣柜尺寸为 1200×650×2000（毫米）、1600×650×2000（毫米）和 2000×650×2000（毫米），所以衣柜推拉门尺寸为 600×2000（毫米）、800×2000（毫米）和 1000×2000（毫米）三种。

②订做衣柜推拉门尺寸：在具体测量衣柜推拉门尺寸时，一定要量内径，然后再平均成两扇或者三扇，千万别忘了门与门有重叠的部分。

衣柜放杂物抽屉的标准尺寸

存放内衣、袜子、杂物、毛衣的抽屉各有要求，杂物抽屉应扁平，毛衣等厚重衣物应大而深。抽屉的顶面高度最好小于 1250 毫米，高度 150~200 毫米，宽度 400~800 毫米，这样使用更顺手。

订制衣柜和成品衣柜的优缺点

品类	优点	缺点
订制衣柜	根据空间量体裁衣，这样的衣柜严丝合缝，整体性好	大部分的木工只是会一些简单的样式而已。此外，现场打衣柜，会涉及材料的损耗、浪费，经济上不太划算
成品衣柜	购买简单，可根据预算选择不同档次的衣柜，也可以选择各种各样的流行款式	①难以严丝合缝；②材料质量无法保证

装饰达人支招

根据不同群体选择整体衣柜

老年父母： 老年父母的衣物，挂件较少，叠放衣物较多，可考虑多做些层板和抽屉，但不宜放置在最底层，应在离地面 1 米高左右。

儿童： 儿童的衣物，通常也是挂件较少，叠放较多，最好选择一个大的通体柜，只有上层的挂件，下层空置，方便随时打开柜门取放和收藏玩具。

年轻夫妇： 年轻夫妇的衣物较为多样化。长短挂衣架、独立小抽屉或者隔板、小格子这些都得有，便于不同的衣服分门别类放置。

> **Tips:** **根据衣物种类选择整体衣柜**
>
> 偏爱长款裙装和风衣：选择有较大的挂长衣空间的衣柜，柜体高度不低于 1300 毫米。
>
> 偏爱西服、礼服：这类衣物要求挂在衣柜空间内，柜体高度不低于 800 毫米。
>
> 偏爱休闲装：可多配置层架，层叠摆放衣物；以衣物折叠后的宽度来看，柜体设计时宽度在 330 ~ 400 毫米之间、高度不低于 350 毫米。

▲ 年轻夫妇的卧室可以将一面墙打造成大衣柜，可以令日常衣物进行分门别类的整理收纳，既方便拿取，又令空间变得整洁干净

床头柜、梳妆桌

集收纳、美观和实用于一体的卧室家具

　　卧室中除了睡床和大衣柜之外，还有一些体量相对较小的家具，如床头柜、梳妆柜等。床头柜的选择应整洁、实用，利于摆放台灯、镜框、小花瓶等装饰物。最好选择带有抽屉或隔板的床头柜，这样一些物品在不用时可以放进抽屉，以便营造出一个整洁的空间。

　　为了满足女性居住者日常化妆需要，也可以利用梳妆桌来代替床头柜。需要注意的是梳妆柜的镜子不要对着床，即人躺在床上看不到镜子。

❶ 可以将台灯等物搁置在床头柜上，方便日常生活

❷ 梳妆桌既满足女性业主的需求，也可以当成展示台

床头柜可根据居住者喜好或家居风格来选定

床头柜可以直接反映居住者的生活习惯。如果热爱阅读，不妨在床边摆个小书柜作为床头柜来使用；如果习惯在床上工作、看电视，可以选择带有抽屉的床头柜，用来收纳文具和遥控器。如果床是简约的平台床，可以尝试有曲线美的单柱边桌，增加空间的视觉变化。此外，床头柜的高度最好与床垫等高，或不要高于床垫的 15 厘米以上，以便随时可以拿取物品。

床头柜的标准尺寸

床头柜的标准尺寸国家标准有明确的规定：宽 400~600 毫米，深 350~450 毫米，高 500~700 毫米。其中，现代风格的床头柜时尚简单、造型简练，是最为常见的一种床头柜。该类型床头柜尺寸通常为 580×415×490（毫米）、600×400×600（毫米）及 600×400×400（毫米），可以适合搭配 1.5×2（米）和 1.8×2（米）的床。

● 床头柜上摆放书籍，表达出居住者雅致的品性

❶ 带有多个抽屉的梳妆桌解决了居室杂乱的问题

梳妆桌的选购应实用及符合人体工学

从梳妆桌的功能来看，绝对是卧室中最容易显得杂乱的角落。解决办法是选择多带抽屉的梳妆桌。此外，购买化妆桌的时候不要忘了配套的凳子，这是保证凳子高度和柜子相匹配的最好办法，否则会给人带来极大的不便。大多数化妆台都配有一面镜子，一般设计在桌面以上的位置。台面下的抽屉应该安排合理，给使用者的腿部留出足够的空间，购买时最好亲自试一下。

不动工布置要点

卧室照明

卧室照明要形成一种安全感

卧室照明方式以间接或漫射为宜。室内用间接照明，顶面的颜色要淡，反射光的效果最好；若用小型低瓦数聚光灯照明，顶面应是深色，这样可营造浪漫、柔和、感性的氛围。

另外，卧室照明要有利于构成宁静、温柔的气氛，使人有一种安全感。要尽量避免耀眼的灯光和造型复杂奇特的灯具，但灯光也不能过暗，以免带来压抑感。灯光的颜色最好是淡淡的黄色，尽量避免将床布置在吊灯的下方，这样人在床上躺着时，就不会有灯光刺激眼睛。

❶ 灯具充满艺术特色，又不繁琐

❷ 台灯为居室增加了局部照明

卧室中一般照明应结合居住人群来考虑

卧室的一般照明气氛应该是宁静、柔和、舒适的。但由于居住者的年龄、文化、爱好不同，对舒适与温馨的看法与标准也会有差异，对卧室光照风格的要求也不同。

①宁静舒适型：可选择造型简洁的吸顶灯，其发出的乳白色光，与卧室淡色墙壁相映；可运用光檐照明，使光经过顶棚或墙壁反射出来，十分柔和怡人；也可安装嵌入式顶灯，搭配壁灯，使直射光与朦胧的辅助光相辅相成，更加典雅温馨。

②豪华气派型：灯具选择可显示居住者的财力与身份。如以金色蜡烛灯饰配巴洛克风格家具，能显出法国宫廷气象。若采用做工细致、用料讲究、造型精美的高级红木灯具，配上古朴的红木家具，则气度非凡，显出卧室浓浓的民族情。

③现代前卫型：追求自由随意，以几何图形、线条混合而成都市新颖灯具，突破传统观念，体现超前意识。再配以线条简单的卧室家具，显示出现代人别出心裁的趣味追求。

卧室中局部照明应根据不同区域来确定

①书桌照明：照度值在 300 勒克斯以上，一般采用书写台灯照明。

②阅读照明：选用台灯或壁灯照明。台灯的特点是可移动，灵活性强，且台灯本身就是艺术品。壁灯的优点是通过墙壁的反射光，能使光线柔和。

③梳妆照明：照度要在 300 勒克斯以上，梳妆镜灯通常采用温射型灯具，光源以白炽灯或三基色荧光灯为宜，灯具安装在镜子上方，在视野 60 度立体角之外，以免产生眩光。

④沙发上阅读照明：常采用落地灯照明。

卧室灯具可以采用多种形式相结合

卧室内应以悬挂式顶灯为主灯，可以选用乳白色白炽吊灯，安装在卧室的中央。除主灯外，卧室照明还应包括床头灯、落地灯或者壁灯。在壁橱中，可设拉门自开灯，方便取物。梳妆台镜面两侧可安装两盏小巧玲珑的壁灯，用光对称且无阴影，方便梳妆。

地灯和壁灯只为了照亮某些角落，用一些有镂空图案的灯罩罩在灯泡上，在角落的墙面上就会出现美丽的投影。此外，灯具的金属部分不宜有太强的反光，灯光也不必太强，以创造一种平和的气氛。

卧室背景墙的灯光设计多采用局部照明

卧室背景墙的灯光布置多以主要饰面的局部照明来处理，还应与该区域的顶面灯光协调考虑，灯壳尤其是灯泡都应尽量隐蔽为好。通过不同方位的灯光进行局部构造，便可以打造出形状各异、色彩绚丽的个性化背景墙。这是一种较含蓄的背景墙装饰效果。

❶ 吊灯安置在床尾处，避免了灯光直射入睡者的眼睛

❷ 吊顶中安置筒灯，令空间照明更富层次感

不动工布置要点

卧室布艺

卧室布艺要多样化的同时，不显杂乱

　　卧室中的布艺织物较多，有窗帘、地毯、帷幔、床品等。若想令这些布艺搭配协调，就要在色调上来下工夫。

　　家具、墙面、地面三大部分的色调组成卧室的主色调。首先，要确定一个色彩主调，如果墙是以绿色系列为主调，织物就不宜选择暖色调。其次，是确定好室内的主题色。卧室一般以床上用品为中心色，如床罩为素雅的中性色，那么，卧室中其他织物应尽可能用浅色调的同种色，如米黄、咖啡等，最好是全部织物采用同一种图案。

● 窗帘、床品和地毯均运用红色系，统一而不显杂乱

卧室窗帘要注意隔音、遮光性能

在卧室中，窗帘是不可忽视的重点之一。一款简单的窗帘或卷帘，除了具有遮阳遮光的功能之外，利用窗帘或半遮掩或全开等不同形式的变化，或是利用腰带、流苏等，都能起到画龙点睛的效果。在设计搭配上，卧室窗帘以窗纱配布帘的双层面料组合为多，一来隔音，二来遮光效果好，同时色彩丰富的窗纱会将窗帘映衬得更加柔美、温馨。此外，还可以选择遮光布，良好的遮光效果可以令家人拥有一个绝佳的睡眠环境。

卧室床品应以舒适性为主

床品是卧室的主角，其选择决定了卧室的基调。无论是哪种风格的卧室，床品都要注意与家具、墙面花色相统一。床品的色彩要做到花而不乱，动中有静。可以根据季节更换不同颜色和花纹的床上用品，能够很快地改变居室的整体氛围。

床上用品除满足美观的要求外，更注重其舒适度。舒适度主要取决于采用的面料。好的面料应该兼具高撕裂强度、耐磨性、吸湿性和良好的手感，另外，缩水率应该控制在 1% 之内。

Tips:

根据卧室色调选择相应的床品

不大的卧室空间宜选用色调自然且极富想象力的条纹布作装饰，会起到延伸卧室空间的效果；浅色调的家具宜选用淡粉、粉绿等雅致的碎花布料；对于深色调的家具，墨绿、深蓝等色彩都是上乘之选。

❶ 平时拉上里面的纱帘，令居室呈现浪漫情调；睡觉时全部拉上，增加空间静谧度

❶ 帷幔为睡床围合出隐秘性空间，拉开后则成为绝佳装饰

帷幔在卧室中起到既实用又美化空间的作用

帷幔在卧室中的表现形式通常有两种：

①挂在床周围，将床从空间中分隔出来，将床围合成一个封闭、私密的空间，拉开帷幔，又能够成为床的一种装饰，温馨而又浪漫；

②将帷幔作为软隔断，起到限定空间的作用，将相对较大的卧室空间分成两个或更多个部分，能够有效地利用空间，同时又不破坏空间的美感。

卧室地毯注重美观度的同时，不要忽略舒适度

一般情况下，地毯都是放在卧室门口或者是床底下，大小一般以小尺寸的地毯或是脚垫为最佳。这样既可以美化卧室，又具有清洁卧室的作用。在色彩的选择上，可以将卧室中几种主要色调作为地毯颜色的构成要素。按照这样的方法进行选择，既简单，又保证了准确性。

此外，卧室地毯的质地十分重要，应该尽量选择一些天然材质的地毯。虽然天然材质在耐磨度方面不如化纤地毯，但卧室不同于客厅、玄关等使用率十分频繁的地方，因此对耐磨度的要求不是很高。而天然材质地毯的好处为脚感和舒适度方面胜于化纤材质的地毯，即使在干燥的季节，也不会产生静电，更能体现高品质的生活。

不动工布置要点

装饰画、工艺品、绿植花卉

增添卧室生动表情的小装饰

在卧室中，可以运用装饰画、工艺品及花卉绿植来丰富空间表情。其中，背景墙上的装饰画往往会成为视觉重点。卧室中可以选择以花卉、人物、风景等为题材的装饰画，或让人联想丰富的抽象画、印象画等。

由于卧室追求雅洁、宁静、舒适的环境，因此应摆放创造轻松气氛的花卉绿植，以便帮助人们尽快恢复一天的疲劳。插花的花材色彩不宜刺激性过强，宜选用色调柔和的淡雅花材。

❶ 工艺品增添了空间灵动性
❷ 绿植为居室增添了盎然的生机

卧室装饰画的色彩和风格要跟装修风格相符

卧室装饰画的色彩和风格要跟卧室的装修风格相符，适宜选择色彩比较温和淡雅的画作。另外，卧室的装饰画高度一般在 50 ~ 80 厘米之间，长度根据墙面或者是主体家具的长度而定，不宜小于床长度的 2/3。

卧室应选择柔软、体量小的工艺品

卧室中最好选择柔软、体量小的工艺品作为装饰，不适合在墙面上悬挂鹿头、牛头等兽类装饰，容易给半夜醒来的居住者带来惊吓；另外，卧室中也不适合摆放刀剑等利器装饰物，会带来一定的安全隐患；如果在卧室中悬挂镜子，最好不要直接对着床。

❶ 将画作分为两部分的设计，十分具有创意

❶ 大型绿色盆栽与背景墙的浅绿色搭配得恰到好处

卧室应选择令人感觉温馨的植物

卧室植物不宜太大和太多，应选择让人感觉温馨的植物。如君子兰、绿萝、文竹等植物，具有柔软感，能松弛神经。这些植物不仅是点缀卧室的好帮手，也可提高睡眠质量。另外，也可以根据空间大小来选择植物，如在宽敞的卧室里，可选用站立式的大型盆栽；小一点的卧室，则可选择吊挂式的盆栽，或将植物套上精美的套盆后摆放在窗台或化妆台上。

卧室中不宜摆放的植物种类

种类	概述
月季花	发散出的香味会使个别人闻后感到胸闷不适、憋气与呼吸困难
夜来香	在晚上能大量散发出强烈刺激嗅觉的微粒，高血压和心脏病患者容易感到头晕目眩，郁闷不适，甚至会使病情加重
郁金香	花朵中含有一种毒碱，如果与它接触过久，会加快毛发脱落
松柏类	散发出来的芳香气味对人体的肠胃有刺激作用，如闻之过久，不仅会影响人的食欲，而且会使孕妇感到心烦意乱，恶心欲吐，头晕目眩
黄花杜鹃	花朵散发出一种毒素，一旦误食，轻者会引起中毒，重者会引起休克，严重危害身体健康

风 格

轻布置

提 案

现代风格

通过软装色彩调控空间色彩，最终体现风格特征

家具色彩与样式尽可能简洁化

为了不影响睡觉时的舒适感，通常空间不宜采用太刺激的色彩，建议采用比较深沉、稳重的色系，再搭配其他浅色与温暖的家具，例如：咖啡色、米色、驼色等，并以素色为主，而且家具样式应该尽可能地线条简单。

通过软装色彩令空间呈现个性化与艺术化

在设计现代风格的卧室时，可以通过对颜色的配置来营造卧室的空间环境。一般来说，现代风格的卧室对颜色的选择不是特别固化，但由于卧室的空间特性，不宜大面积采用太绚丽的色彩。因此，在确定整体色彩后，可以通过变化软装色彩来令空间呈现出个性化与艺术化，但原则上卧室中的色彩不宜超过三种。

风 格

轻布置

提 案

中式风格

运用改良的中式传统元素与布局，吻合当下对中式卧室的需求

软装的配合使用在中式风格的卧室中运用广泛

现代中式卧室设计多以中式家具和灯饰等饰品与现代卧室用品配合使用，完全照搬传统卧室设计的很少见。中式卧室家具中除了床之外，大衣柜和梳妆台的运用也很常见；此外，传统风格的灯饰是卧室中最能体现传统格调与情趣的饰品，如成对的宫灯状的床头座灯等。较大的卧室中常用隔扇或折屏分开梳妆空间、洗手间或单独的起居空间。

中国传统木构建筑设计在卧室中的运用

中国传统木构建筑的框架结构设计，是中式家居中最重要的构成要素之一。这种设计手法也被广泛地运用于卧室设计中。如在背景墙上利用饰面板雕刻线槽和各种花纹，构成种类繁多的优美图案，或者将简易博古架的造型运用为隔断，这些手法都可以令中式风格的卧室充满传统与古典的韵味。

风 格
轻布置
提 案

欧式风格

运用空间大的优势令布局更和谐，功能更丰富

对称布局为欧式卧室设计的惯用手法

在欧式风格的卧室中，室内布局多采用对称的手法来达到平衡、比例和谐的效果；另外，对称布局还可以使室内环境看起来整洁而有序，又与欧式风格的优美、庄重感联系在一起。这种对称手法的运用不仅出现在家具布局上，也同时在软装布局上运用广泛。

欧式风格卧室常利用软装新增其他功能

欧式风格的卧室除了美观大气，还非常注重休闲、实用的功能。例如，在卧室的阳台上设置一块小小的休闲区域，放置一套桌椅，以便休憩；或者在卧室内放上一套影音设备，将卧室变成第二个视听区等。

风 格

轻布置

提 案

田园风格

运用空间大的优势令布局更和谐，功能更丰富

繁琐的设计与家具不适用于田园风格的卧室

田园风格的卧室注重自然的清新以及简约的设计，所以一些繁琐的东西要抛开，避免不必要的造型，通常也不需吊顶。在家具的选择上，应多采用天然材质，并拥有较强的收纳功能。由于田园风格讲求通透性，一般不建议用于面积较小的卧室。

利用绿植及花卉图案凸显田园卧室的自然风情

在田园风格的卧室中，可以充分利用软装来凸显田园风格的自然风情。其中，小型绿植不论是摆在飘窗上，还是随意搁置在角落，都可以为空间带来清爽的气息；此外，带有花卉图案的窗帘、地毯及床品等，也是体现田园风格的绝佳装饰。

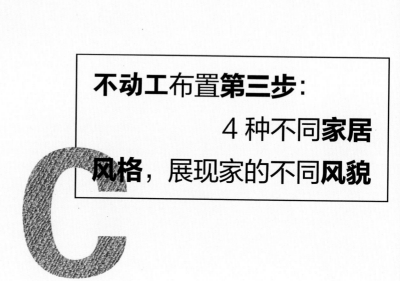

不动工布置第三步：

4 种不同**家居**

风格，展现家的不同**风貌**

了解了繁杂的软装种类

掌握了家居主要空间的软装布置

也将家居风格的设计要点了然于心

接下来要做的事情是——

拾掇起迫不及待的心情

拿捏好胸有成竹的预案

将技巧应用于实战

让沉闷的家居变成有生命 会说话的家

局部跳色 + 创意装饰
完成现代空间里的舞台秀

带有 POP 浪潮感的现代风格居室，在定出整体空间大面积的主色后，就可以在局部点缀对比色，做出调色效果，丰富视觉层次。之后，在这样的空间中，搁置一些带有艺术感的家具或装饰物，就能创造出一场带有缤纷意向的空间舞台秀。

李文彬：武汉桃弥设计工作室设计总监

IDEA

Point *1*

采购多样性家具，丰富空间观感

现代风格的家居中，各空间可以采购不同样式的家具搭配，制造丰富的空间观感，但原则是所有家具在色彩或造型上要保有一个同一特色。如本案中的客厅沙发以线条简约、亮色的款式为主；单椅则挑选了造型独特、花色抢眼的样式作为风格焦点。两个家具在造型上差异较大，却在色彩上同样选择的跳跃色系。

Point *2*

大处低调，小处缤纷的色彩搭配

现代风格的居室在用色上可以不必拘泥，但并不意味着可以毫无头绪地任意搭配。在本案中，虽然整体家居色彩亮丽多样，但主调色中依然大量运用了黑白色作为调和，避免了亮色带来的杂乱感。同时，在细节处运用抱枕等物作为局部调色，强调了空间的冲突美感。

Point *3*

擅于应用造型多样的创意灯具

要想体现现代风格，在装饰物的选择上就要大胆。尤其是作为家居主要照明的灯具，由于其材质、造型与功能的多样性，成为了体现风格特征的好帮手。在本案中，客厅和餐厅的灯具均采用了造型具有创意感的类型，而卧室中的灯具则造型简约，但不乏现代感。多样化的灯具类型，既迎合了家居风格，又各具特色。

Point *4*

内容和色彩均特立独行的装饰画

装饰画作为墙面的强调配饰，可以令原本单调的背景墙变得具有视觉层次。在现代风格的居室中，可以选择内容和色彩均特立独行的装饰画。如本案中卧室和过道的装饰画在画作内容上充满时尚与抽象感，迎合了现代风格的主题特征；卫浴中的装饰画在题材上较为大胆，并与深色墙面形成色彩对比，作为跳色使用，丰富了空间的色彩。

1	
2 3 4	

1.亮黄色的布艺沙发搭配反差色彩较大的抱枕，极具视觉冲击力；不同造型边几上的工艺品现代感十足，提升了空间风格特征。

2.整面墙的电视柜，既具有展示功能，又具备强大的收纳能力，与现代风格追求"功能性第一"设计理念不谋而合。

3.餐厨一体化的设计，为家人的家务动线提供了便捷；餐桌上的杯盘碗盏等装饰物现代况味十足，强化了现代风格。

4.床品色彩多样而靓丽，但与整体家居环境形成呼应，多而不乱；无框黑白装饰画与现代造型的吊灯，共同为背景墙带来了变化。

风格素材计划

Stylish plan

Furnitures

❶ **造型座椅：** 玫红的色彩十分抢眼，富有创意的造型体现出时代特征。

❷ **双人布艺沙发：** 小体量的亮黄色沙发，将现代风情渲染到极致。

❸ **符合人体工学的座椅：** 为居住者提供了舒适的坐、倚体验。

Lamps

❹ **创意灯具：** 运用水管打造出的灯具，极富创意感。

❺ **落地灯：** 为居室带来了良好的局部照明。

❻ **造型灯具：** 带有造型感的灯具，令餐厅吊灯不再显得单调。

Fabrics

❼ **布艺抱枕：** 带有梦露图案的抱枕，用靓丽的色彩体现出现代风格。

Ornaments

❽ **金属工艺品：** 金属装饰是最能体现现代风格的装饰品。

❾ **花艺：** 餐桌上的花卉搭配清透的花器，既清新自然，又与整体风格搭配和谐。

❿ **无框画：** 独具创意的无框画，为卫浴空间带来了不一样的视觉焦点。

改良的传统中式元素 ＋
现代生活装饰理念
碰撞出古典与现代的交融之美

传统中式风格的典雅、大气之美，可以为家居空间注入深厚的文化底蕴。但这样的装饰风格运用在现代家居生活之中，难免觉得沉闷。尤其是对于年轻的装修业主，沉稳的色彩和笨重的家具，成为其选择中式风格的障碍。不妨换个思路，将改良的传统中式元素与现代生活的装饰理念相结合，打造出一个拥有古典与现代交融之美的新中式家居。

设计师的软装布置

IDEA

陈洁：武汉澳华装饰设计总监

Point *1*

现代家具与传统家具相结合

将现代家具与带有中式元素的家具组合运用，来弱化传统中式居室带来的沉闷感，使新中式风格与古典中式风格得到有效区分。如本案中的沙发具备了时代感与舒适度，也为居住者带来惬意的生活感受；同时点缀使用带有中式元素的电视柜和茶几，体现出中式风格追求传统文化底蕴的精髓。

Point *2*

在细节处适当营造端景

家居环境最美的地方不一定是整体大空间，反而是随意的角落，拥有小小的美好。在本案中，客厅、餐厅和卧室背景墙上均悬挂了带有中式元素的装饰画，丰富了墙面表情。仿古灯具、青花瓷和舞狮工艺品的运用，令吊顶和角落处的风景简单，却极具中式风格特征。

Point *3*

布艺织物利用花色体现中式风情

在中式风格的居室中，布艺织物的使用在材质上没有过多要求，但在色彩和图案上应尽量符合中式风情。本案中的抱枕不仅采用了简单的方形抱枕，而且搭配了猫咪造型的抱枕，并在花色上吻合中式风情；而餐厅桌旗和卧室床品，也在一定程度上体现出中式风格的花色特征。

Point *4*

盆栽绿意制造视觉层次与温度

新中式风格中的家具线条大多较为低矮，可以通过不同高度的盆栽拉出整体空间的线条层次。在本案中，客厅中采用高低不一的盆栽，不仅在空间中制造出鲜明的层次美感，繁茂绿叶的颜色也容易与空间相融，增添家的温度。同时，红掌、红色装饰花卉的运用，也与中式风格的配色相协调。

1

2

3

1. 新中式的家居风格，传统中带有现代况味；现代家具与传统中式风格的家具相搭配，既拥有典雅韵味，也流露出现代生活追求简洁造型的理念；其间穿插搭配中式元素的装饰品，碰撞出古典与现代交融之美。

2. 在餐厅的一侧摆放简化的博古架收纳柜，既具有展示功能，又完成了空间收纳；墙面上中国娃娃的装饰画，为整个空间带来活泼、生动的表情。

3. 红色打底的卧室背景墙上，悬挂小幅中式元素的装饰画，为整个空间定下中式基调；仿古灯与中式花纹的床品等装饰，在细节处呼应整体空间的设计风格。

风格素材计划
Stylish plan

Furnitures

❶ **带有中式元素的茶几：** 带有中式锁具的茶几为客厅风格定调。

❷ **复古造型电视柜：** 造型极具中式风情的电视柜，与红色背景墙搭配得相得益彰。

❸ **升降桌：** 日式风情的升降桌同样适合中式风情的居室。

Lamps

❹ **仿古台灯：** 精致的仿古吊灯既具有照明作用，又令居室风格呼之欲出。

❺ **仿古吊灯：** 古朴的仿古吊灯，丰富了空间照明层次之余，也极具装饰性。

Fabrics

❻ **中式风情抱枕：** 猫咪形状的中式风情抱枕，生动而富有创意。

Ornaments

❼ **中式花卉装饰画：** 梅花图案的装饰画，体现出高洁的寓意。

❽ **红掌：** 红色与绿色相间的红掌，是十分适合中式格调家居的绿植。

❾ **青花瓷装饰：** 青花瓷是中国瓷器的主流品种之一，将中国文化的精髓满溢于室。

❿ **舞狮装饰品：** 带有民族特征的舞狮装饰品，可爱中透出中式传统风情。

流线型家具 + 精美装饰物
低调中遇见复古华丽风情

欧式风格的空间追求连续性、形体的变化和层次感。软装的选择不论是造型，还是材质，均以精美、流畅为主。天鹅绒织物、带有流苏的窗帘装饰以及线条简化的复古家具，均令家居空间在低调中遇见复古华丽风情。

设计师的软装布置
IDEA

龙斯特：北京王凤波装饰设计有限公司设计师

Point **1**

家具搭配得宜，就是空间风景

带有改良性质的线条简化的欧式复古家具，使家居环境呈现出多姿多彩的面貌。在本案中，天鹅绒材质的三人沙发搭配了各色抱枕，拉出视觉落差，营造出空间中独有的氛围；流线型的单人座椅、睡床等家具，则体现出欧式风格的元素特征。

Point **2**

布艺兼具装饰和实用功能

欧式风格家居中布艺织物不仅要具有实用功能，还要兼具装饰性。本案中，适量使用地毯，增添视觉和触觉暖意；罗马帘的运用在造型上与欧式风格居室追求流线型的理念相吻合；绸缎和天鹅绒材质的床品则体现出欧式风格的精致美感。

Point **3**

台灯、壁灯对称设置，制造秩序美感

欧式风格的家居追求空间格局的对称性，这种设计手法不仅适用于家具摆放，也同样在灯具的设置上应用广泛。本案中，无论是客厅，还是卧室，台灯和壁灯的设置均为对称式，这种排列形式制造出秩序美感，也令空间照明更具层次性。

Point **4**

大型挂画，形成视觉焦点

欧式风格往往要体现出大气的空间感，因此装饰画最好选择大幅尺寸，尽量避免小幅装饰画的排列设置。在本案中，玄关背景墙悬挂了大挂画而舍弃小幅框画，就是为了聚焦，令空间显得不零碎。但需要注意的是，装饰画要格外留意比例问题。

1

2

3

1. 流线型的布艺沙发搭配色泽丰富的抱枕，不论从造型还是材质上，均体现出欧式风格的奢绮、华丽感；大花地毯在色泽上与整体家具形成呼应，令地面表情不单调。

2. 猫脚餐椅的运用，为空间增添灵动性的同时，也彰显出欧式餐厅的风格特征；餐桌上无论是插花，还是餐具，均将欧式风格的精致感体现得淋漓尽致。

3. 极具欧式格调的床头板与床品，将欧式风情渲染到极致；带有欧式花纹的窗帘，丰富了空间的表情，也为居室带来了良好的隔声效果。

风格素材计划 Stylish plan

Furnitures

❶ **欧式流线型沙发：** 流畅的线条，天鹅绒的材质，十分符合欧式风格的奢华感。

❷ **兽腿浴缸：** 兽腿浴缸稳重大气，用于卫浴中，彰显格调。

❸ **猫脚家具：** 灵动、活泼，为居室注入一丝轻快。

Lamps

❹ **对称摆放的台灯：** 既带来了良好的照明，也符合欧式卧室的布局特征。

❺ **水晶吊灯：** 满足了欧式风格追求浪漫奢华的主流理念。

Fabrics

❻ **花纹地毯：** 既具有吸音作用，又令欧式风格的客厅充满了华美风情。

❼ **罗马帘：** 最能体现欧式风格的软装之一。

❽ **欧式图案床品：** 为居室增添美观度的同时，也凸显出风格特征。

❾ **欧式图案窗帘：** 特有的欧式花纹，既美观，又将风格点染到极致。

Ornaments

❿ **欧式插花：** 唯美的插花搭配精致的花器，情调感顿升。

浪漫色彩 + 天然有氧材质
在家中进行"森"呼吸

丰富浪漫的色彩营造出一个充满法式风情的田园家居，搭配使用天然材质的家具，满足了居住者对居家风格的期待。大面积的落地窗令自然的光源洒进家里的每一个角落，结合充足的照明，整个家居环境光线充足。在这样的家居中，"森"呼吸再好不过。

设计师的软装布置
IDEA

丁荷芬：采荷设计设计总监（台北）
冯慧心：采荷设计主持设计师（台北）

Point 1
天然材质的家具才是布置王道

田园风格的家具多用木料、石材等天然材料。这些自然界原来就有、未经加工或基本不加工就可直接使用的材料，其原始自然感可以体现田园风格的清新淡雅。在本案中，餐桌采用石材和木材结合，餐椅采用布艺和木材结合，既混搭出活泼感，又吻合了田园家居的选材特征。

Point 2
碎花布艺活泼家的层次

碎花图案是田园家居中最常见的装饰元素，被广泛运用于家居装饰中。本案中，不仅沙发采用了碎花图案，点缀搭配的个别抱枕也运用碎花布料，创造空间的多元层次。同时，碎花图案还运用在了餐厅座椅和卧室床品等家居布艺之中，令家居环境呈现出落英缤纷般的桃源美景。

Point 3
田园台灯、铸铁灯营造质朴田园风情

田园风格的家居中，在灯具的选择上，要满足其风格特征，其中，田园台灯和铸铁灯是较受欢迎的灯具。本案中，在客厅和餐厅均运用了铸铁吊灯营造出低调的氛围，书房则采用了色彩丰富的田园台灯。两者交替使用，更能丰富家的维度。

Point 4
拼贴画组平衡空间的单调感

田园风格的居室在装饰物的选择上要尽量体现活泼、灵动性。这一理念同样适用于装饰画的选择。不一定要用大幅装饰画定调，几幅小画也能拼凑出视觉上的美感。例如在卧室和书房中，用装饰画的拼搭，轻松平衡了空间的单调感。

1

2

3

1.紫色调的碎花布艺沙发搭配花纹丰富的抱枕，令田园风情满溢到整个空间；新鲜花卉与盘状装饰物的运用，在细节处呼应整体家装风格。

2.餐厅中黑色的水晶吊灯搭配意大利花砖的餐桌和碎花布艺餐椅，使空间看起来十分时尚；绿色手染的实木餐柜搭配 LED 灯，使屋主的收藏品更亮眼。

3.卧室中的床品采用碎花纯棉材质，符合田园风格的选材特征；床头柜体的设计化解空间中梁结构的压迫感。

风格素材计划

Stylish plan

Furnitures

❶ **碎花图案布艺沙发：**小碎花图案最能体现自然的风情。

❷ **木质茶几：**材质天然、质朴，在田园风格中较受欢迎。

❸ **碎花图案座椅：**既美观舒适，又能体现田园风情。

Lamps

❹ **铁艺吊灯：**田园居室中最常见的灯具之一。

❺ **田园台灯：**最能体现田园风格的灯具之一，灯罩色彩极具特色。

Fabrics

❻ **碎花抱枕：**体量虽小，却是体现风格特征的好帮手。

❼ **轻薄的纱帘：**材质清透、缥缈，能很好地采撷光线。

Ornaments

❽ **盘子装饰物：**田园风格家居中的绝佳装饰物。

❾ **花卉图案装饰画：**图案来源于自然，因此也是提升风格特征的装饰元素。

❿ **新鲜的花卉：**既美观，又能为家居带来新鲜有氧的气息。